Einfluss des Laserstrahldurchmessers auf das Bearbeitungsergebnis beim Laser Powder Bed Fusion

Influence of the Laser Beam Diameter on the Processing Result in Laser Powder Bed Fusion

Von der Fakultät für Maschinenwesen
der Rheinisch-Westfälischen Technischen Hochschule Aachen
zur Erlangung des akademischen Grades eines
Doktors der Ingenieurwissenschaften
genehmigte Dissertation

vorgelegt von

Robin Johannes Day

Berichter/in:

Univ.-Prof. Dr.-Ing. Dipl.-Wirt.-Ing. Johannes Henrich Schleifenbaum
Univ.-Prof. Dr.-Ing. Thomas Bergs

Tag der mündlichen Prüfung: 01. Juli 2022

Diese Dissertation ist auf den Internetseiten der Universitätsbibliothek online verfügbar.

ERGEBNISSE AUS DER ADDITIVEN FERTIGUNG

Robin Day

Einfluss des Laserstrahldurchmessers auf das Bearbeitungsergebnis beim Laser Powder Bed Fusion

Herausgeber:
Univ.-Prof. Dr.-Ing. Dipl.-Wirt.-Ing. Johannes Henrich Schleifenbaum

dap Digital Additive Production | RWTH AACHEN UNIVERSITY

Bibliografische Information der Deutschen Nationalbibliothek
Die Deutsche Nationalbibliothek verzeichnet diese Publikation in der Deutschen Nationalbibliografie; detaillierte bibliografische Daten sind im Internet über https://portal.dnb.de abrufbar.

Robin Day:

Einfluss des Laserstrahldurchmessers auf das Bearbeitungsergebnis beim Laser Powder Bed Fusion

1. Auflage, 2022

Gedruckt auf holz- und säurefreiem Papier, 100% chlorfrei gebleicht.

Apprimus Verlag, Aachen, 2022
Wissenschaftsverlag des Instituts für Industriekommunikation und Fachmedien an der RWTH Aachen
Steinbachstr. 25, 52074 Aachen
Internet: www.apprimus-verlag.de, E-Mail: info@apprimus-verlag.de

Druck: CPI Druckdienstleistungen GmbH, Ferdinand-Jühlke-Straße 7 I 99095 Erfurt

ISBN 978-3-98555-123-1

D 82 (Diss. RWTH Aachen University, 2022)

Danksagung

Ich möchte mich ganz herzlich bei allen Unterstützern dieser Arbeit bedanken. Mit unterschiedlichsten Mitteln habt ihr mich dazu motiviert dieses Werk hier zu verfassen. Als erstes möchte ich mich bei Herrn Professor Schleifenbaum bedanken, er gab mir die Gelegenheit als Aachenfremder an seinem Lehrstuhl als wissenschaftlicher Mitarbeiter zu beginnen. Alle Ergebnisse dieser Arbeit sind in diesen intensiven und lehrreichen Jahren am Lehrstuhl für Digitale Additive Produktion der RWTH entstanden. Immer wieder haben Sie mich unterstützt und motiviert diese Arbeit weiter fortzusetzen. Ganz herzlichen Dank dafür.
Als zweites möchte ich mich bei Herrn Professor Bergs bedanken, der neben der Zweitkorrektur meiner Dissertation mir auch beruflich eine weitere Zukunft in Aachen ermöglicht hat. Möge die Zusammenarbeit auch weiterhin so konstruktiv und zielgerichtet weitergehen.
Als nächstes danke ich allen meinen Unterstützern auf dem Weg zu den Ergebnissen. Hier waren Stephan, Max, Simon, Robin, Marie, Lisa und Sebastian stets bereit, eine gute Diskussion zu führen. Ihr alle habt mich stets ein Stück weiter und meine Ideen immer wieder auf den Prüfstand gebracht. Vergessen werde ich nie, welches Engagement meine Studenten an den Tag gelegt haben. Namentlich Anna, Bianca, Siyhab, Peter, Jakob, Leon und Jonas, ihr alle habt gerne und mit großem Eifer unsere gemeinsamen Ziele verfolgt, danke.
In den heißen Phasen der Korrektur und Iteration hat mich Kurt über seinen Renteneintritt hinaus unterstützt. Kurt, danke dir dafür und dass ich so viel von dir lernen durfte. In dieser Liste dürfen Lucas, Sascha und Robert selbstverständlich auch nicht fehlen. Ich danke euch von Herzen, dass ihr eure Freizeit in mich investiert habt. Martina und Thomas, ich werde nie vergessen, wie ich mit dem Riesenberg Schliffproben bei euch war. Eure Unterstützung war grandios, auch wenn es ganz schön viele und echt filigrane Proben waren. Lieber Herr Eiker, trotz Legasthenie und ihrer eigenen Einschränkung haben Sie mir doch bis zum Ende die Treue gehalten, vielen Dank dafür.
„Last but not least" möchte ich meiner Familie danken, die auch in schwierigen Zeiten immer zu mir gehalten und mich bedingungslos unterstützt hat. Wir sind eben einfach eine „krasse Herde".
Liebe Sarah, du bist immer meine erste Ansprechpartnerin und meine größte Unterstützung. Dir möchte ich diese Dissertation gerne widmen und freue mich auf unsere gemeinsame Zukunft.
Ich liebe dich.

Inhaltsverzeichnis

Kurzzusammenfassung

Die vorliegende Arbeit erforscht die Anlagenübertragbarkeit von LPBF-Anlagen als Schlüssel zum größeren industriellen Einsatz des ökologischen und ökonomischen Fertigungsverfahrens. Aufgrund der Komplexität des Themas wird nur der Teilaspekt des Einflusses des Bearbeitungswerkzeuges auf das Bearbeitungsergebnis fokussiert. Ziel der Untersuchung ist der Anlagenübertrag des Bearbeitungsergebnisses zwischen Anlagen mit einer maximalen Abweichung des Bearbeitungsstrahldurchmessers zwischen 34 µm und 100 µm. Dies umfasst nahezu alle aktuell kommerziell verfügbaren LPBF-Anlagensysteme.

Ergebnis ist, dass der Übertrag für alle aktuell industriell verfügbaren Fokusstrahldurchmesser von 34 - 100 µm gelingt. Dabei werden drei verschiedene Methodiken zum Übertrag betrachtet. Die erste Methodik findet Anwendung bei Abweichung des Bearbeitungsstrahldurchmessers kleiner 15 %. In diesen Fällen wurde die normierte Enthalpie oder die Intensität Umrechnung als zielführend identifiziert. Werden die Abweichungen größer, scheitert diese Methodik. In diesem Fall ist eine Betrachtung des Umschmelzregimes sinnvoll. Mithilfe des Breiten- zu Tiefenverhältnisses wird das Übergangsschweißregime reproduziert. Im dritten Fall wird mit Defokussierung gearbeitet. Dabei kann der kleinste Fokusstrahldurchmesser auf den doppelten Durchmesser defokussiert werden. So wird weiterhin mit ein und demselben Bearbeitungsstrahldurchmesser bearbeitet und die Bearbeitungsergebnisse werden bei guter Strahlqualität vergleichbar. In den Untersuchungen war eine Fokusverschiebung oberhalb der Pulverbettebene zielführend.

Die Anlagenübertragbarkeit ist bei Beachtung der Bedeutung des Bearbeitungswerkzeuges möglich und trägt so zur Skalierbarkeit des LPBF Verfahrens bei. Durch ihre ökologisch hocheffizienten Eigenschaften und die ökonomischen Vorteile der Skalierung trägt die Arbeit einen Beitrag zur Reduktion des industriellen Ressourcenverbrauchs bei. Davon wiederum profitieren Umwelt, Klima und zukünftige Generationen.

Abstract

The present work investigates machine-transferability of LPBF systems as key to an increasing industrial application of the ecological and economical LPBF manufacturing process. Due to the complexity of the topic, this work focuses on the machining tool (Laser) influence on the manufacturing result. The aim of the investigation is the system transfer of the manufacturing result in between a maximum deviation of the LPBF-system beam diameter between 34 µm and 100 µm. This includes almost all currently commercially available LPBF systems.

The result is that the transfer is possible for all currently industrially available focus beam diameters from 34 - 100 µm. Three different methods for machine-transferring are considered. The first method is used for deviations of the processing beam diameter of less than 15 %. In these cases, the normalized enthalpy or intensity conversion has been identified as successful. If the deviation in between the systems increases, this methodology fails. In this case, a consideration of the melt pool regime is useful. Using the width to depth ratio, the transition-welding regime is proofed to be successful. In the third case, defocusing is used. In this case, the smallest focus beam diameter can be defocused to twice its diameter. Resulting in a manufacturing with one and the same beam diameter the machining results become comparable, when a focus shift above the powder bed level is used.

Machine-transferability is possible when the importance of the machining tool (Laser) is considered, thus contributing to the scalability of the LPBF process. Due to its ecologically highly efficient properties and the economic advantages of industrial scaling methods, the work contributes to the reduction of industrial resource consumption. As return the environment, the climate and future generations will benefit from this work.

1 Einleitung

Die globale Vernetzung der Produktion und ein immer fortschreitender Drang nach Konsum auf der Welt führen zu einem zunehmenden Ressourcenverbrauch und zur Belastung der Erde. Im Jahr 2021 war bereits am 29. Juni der „Overshoot day“ erreicht [1]. Das bedeutet, dass an diesem Tag alle in einem Jahr nachwachsenden Ressourcen verbraucht waren. Damit wird 2021 die Hälfte der eingesetzten Ressourcen unwiederbringlich verbraucht. Ein Überdenken in allen Bereichen ist notwendig, um diesen Verbrauch zu reduzieren. [2]

Internationale Bemühungen wie beispielsweise das Pariser Klimaabkommen [3] oder ACARE 2050 [4] sind inhaltlich auf die Reduktion des Ausstoßes klimaschädlicher Treibhausgase im Verbrauch um 50 % bis 90 % ausgerichtet. Andere Initiativen gehen weiter, CleanSky2 Eco Design betrachtet den vollständigen Lebenszyklus eines Produktes vom Rohstoff bis zum Recycling [5]. Ein wesentlicher Teil der Untersuchung sind industrielle Fertigungsverfahren, die in hohem Maße ressourcenschonend Bauteile herstellen. Eines dieser Verfahren ist die Additive Fertigung [6].

Die Additive Fertigung, häufig auch 3D-Druck genannt, wird als ein ökologisch und ökonomisch industrielles Fertigungsverfahren eingeschätzt [5, 7]. Das junge Fertigungsverfahren der additiven Fertigung hat einige fertigungstechnische Herausforderungen zu bieten. Diese zu verkleinern und der Industrie robuste Prozesse zur Verfügung zu stellen, ist der Betrag, den Forschungseinrichtungen zum Klimawandel leisten müssen.

Die Vorteile der Additiven Fertigung sprechen für den flächendeckenden industriellen Einsatz. Bei der Additiven Fertigung wird im Vergleich zu allen anderen Fertigungsverfahren im Prozess nicht nur viel weniger Primärenergie benötigt als beispielsweise beim Fräsen. Zudem wird sehr materialeffizient gearbeitet, da das Material nur an den Stellen aufgetragen wird, an denen es benötigt wird [8].

Nach Hofmann hat die Additive Fertigung *„das höchste Potential, die produzierenden Industriesektoren grundlegend zu revolutionieren. Die digitale Transformation der industriellen Produktion funktionsoptimierter Bauteile wird die Automobilindustrie, die Luft- und Raumfahrt und die Bauwirtschaft langfristig verändern.“* [9, 10]

Typische Werkstoffe sind vor allem Kunststoffe, Kunstharze, Keramik und Metalle. Eines der meist diskutierten metallischen additiven Fertigungsverfahren ist das Laser Powder Bed Fusion (LPBF). Aktuell wird das LPBF bei der Prototypen-Herstellung bis hin zur industriellen Kleinserienfertigung eingesetzt.

Zeyn definiert als notwendige Voraussetzungen für die weitere Industrialisierung der metallischen Additiven Fertigung die vier Kriterien Prozesssicherheit, Nachverfolgbarkeit, Effektivität und Flexibilität [11]. Die Prozesssicherheit bezieht Zeyn auf die Wiederholbarkeit eines Bearbeitungsergebnisses bei einer Fertigungsanlage an unterschiedlichen Tagen. *„Anwender [...] bestätigen, dass 80 % der gedruckten Bauteile den qualitativen Ansprüchen genügen – 20 % nicht – das Problem wäre aber vorherzusagen welche...“* [11]. Auch bei der Einsatzflexibilität der zur Verfügung stehenden LPBF-Anlagen spricht er darüber, dass es möglich sein muss, auf unterschiedlichen Anlagen das gleiche Ergebnis zu erzielen. Damit hebt Zeyn die Notwendigkeit hervor, die Anlagenübertragbarkeit des LPBF-Prozesses zu erforschen, um die Vorhersagbarkeit von Qualitätsproblemen weiter zu erhöhen [11]. Sind diese Voraussetzungen erfüllt, kann durch eine Anlagenübertragbarkeit die Produktionskapazität weltweit gesteigert werden [6, 7, 12].

Ziel dieser Arbeit ist, einen kleinen Beitrag zur Nachhaltigkeit zu leisten, um zukünftigen Generationen weiterhin alle Gegenden dieser Erde bewohnbar zu hinterlassen.

2 Stand der Technik

Die Additive Fertigung ist kein neues Verfahren, dies gilt gleichermaßen für den LPBF-Prozess. Anhand vorhandener Literatur wird der aktuelle Stand der Technik der Anlagenübertragbarkeit und grundlegenden Voruntersuchungen zur Anlagenübertragbarkeit zusammengefasst.

2.1 Additive Fertigung

Die Additive Fertigung (engl. Additive Manufacturing, kurz AM) ist nach ISO 52900:2015 ein „Prozess des Verbindens von Material, um ein Bauteil aus 3D-Modelldaten schichtweise" aufzubauen [13]. AM wurde früher auch als Schichtbauweise oder Freiformflächenerzeugung bezeichnet. Die Additive Fertigung umfasst eine Vielzahl von Herstellungsprozessen, die weithin als 3D-Druck bekannt sind. Im Vergleich zu konventionellen Fertigungsverfahren wird bei der Additiven Fertigung Material hinzugefügt anstatt abgetragen. Laut ISO 52900:2015 handelt es sich um einen additiven Fertigungsprozess, wenn die Modelldaten aus einem digitalen 3D-Modell direkt für die Herstellung des Bauteils verwendet werden [13].

Die additiven Fertigungsverfahren werden in verschiedene Klassen unterteilt. Je nach Standard wird in der Nomenklatur das gleiche Verfahren unterschiedlich benannt. So wird das nach DIN EN ISO/ASTM 5290:2015 [13] definierte LPBF in der VDI 3405 [14] Laser Beam Melting (LBM) genannt. Darüber hinaus gibt es noch weitere Begriffe für das LPBF-Verfahren. Trotz der unterschiedlichen Begrifflichkeiten handelt es sich um das gleiche Fertigungsverfahren. Im weiteren Verlauf der Arbeit wird der DIN EN ISO/ASTM 5290:2015 Standard für die Nomenklatur verwendet.

In dieser Arbeit wird das Laser Powder Bed Fusion-Verfahren als Herstellungsverfahren ausgewählt und im Weiteren hinsichtlich der Anlagenübertragbarkeit untersucht. Für diese Arbeit ist das Verständnis der grundlegenden Funktionsprinzipien und Wechselwirkungen des LPBF-Verfahrens wichtig.

2.2 LPBF-Prozess

Beim Laser Powder Bed Fusion (LPBF) Prozess werden durch Laserumschmelzen aus digitalen Daten 3D-Bauteile aus Metallpulver hergestellt [15]. Das metallische Werkstoffspektrum erstreckt sich von Leichtbauwerkstoffen wie Titan- und Aluminiumlegierungen über verschiedene Stahllegierungen bis hin zu hochtemperaturfesten Nickelbasislegierungen [16, 17].

2.2.1 Allgemeine Beschreibung

Der LPBF-Prozess ist ein Mikroschweißprozess, bei dem durch überlappende Schweiß- bzw. Schmelzspuren eine Schicht erzeugt wird [18]. Nachfolgend werden überwiegend die Begriffe Schmelzspuren bzw. Schmelzregime verwendet. Durch Übereinanderlegen mehrerer Schichten entsteht ein Bauteil. Der Prozess wird in die drei Hauptschritte Belichten, Absenken und Pulverauftragen untergliedert [19] (vgl. Bild 1).

Bild 1
Schematische Darstellung der drei Prozessschritte: Belichten, Absenken und Pulverauftragen (nach [19])

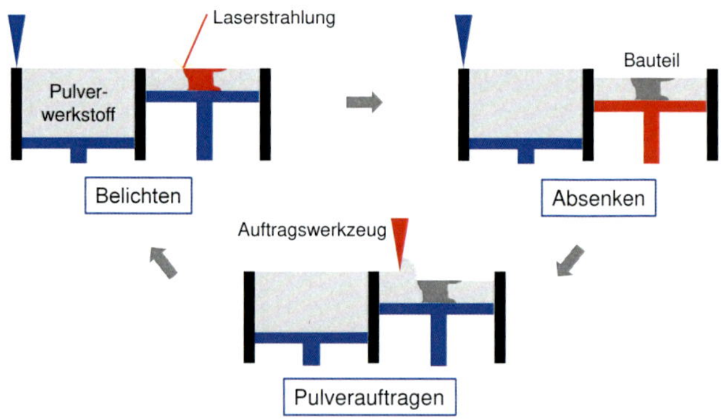

Um überlappende Schmelzspuren ohne Zwischenräume zu erzeugen, wird der sogenannte Hatchabstand (Δy_s) definiert. Dieser beschreibt den Abstand zwischen zwei parallelen Schmelzspuren (vgl. Bild 2).

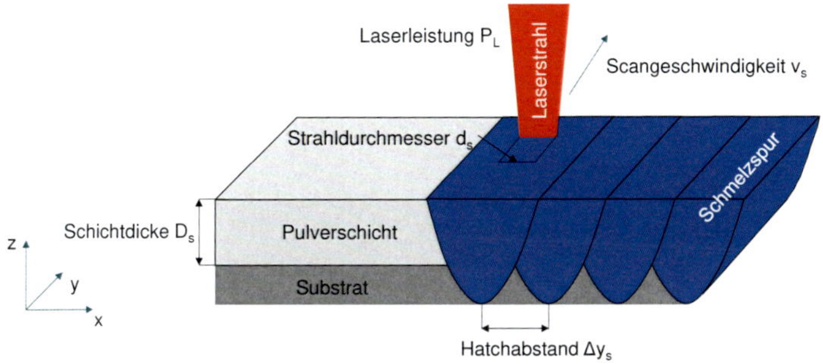

Bild 2
Schematische Darstellung der Haupteinflussgrößen des Mikroschweißprozesses beim LPBF (nach [19])

Der Bereich, in dem die Interaktion zwischen Laserstrahl und Pulverbett entsteht, wird Wechselwirkungszone genannt. Die Scangeschwindigkeit (v_s) ist die Geschwindigkeit, mit der der Laserstrahl über das Pulverbett bewegt wird. Die Schichtdicke (D_s) bezeichnet die Höhe der aufgetragenen Pulverschicht. Die Laserleistung (P_L) ist die vom Laser auf das Pulverbett emittierte Leistung. In der Regel wird mit kreisförmigen Strahldurchmessern (d_s) und gaußförmiger Intensitätsverteilung gearbeitet. Dabei wird durch die Scanstrategie festgelegt, wie die Schmelzspuren nebeneinander angeordnet werden. In Bild 3 ist die in dieser Arbeit angewendete Mäander-Scanstrategie skizziert.

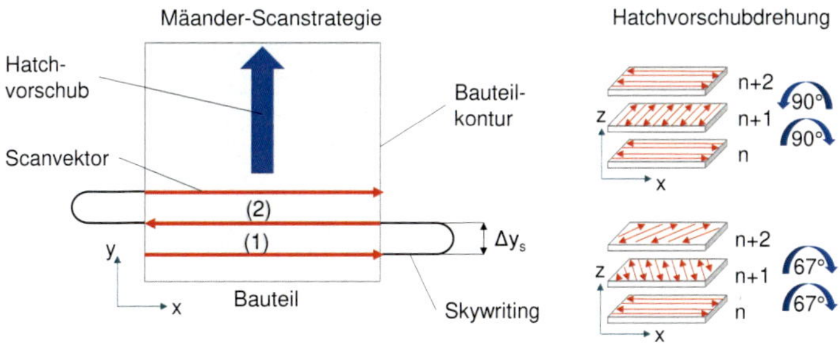

Bild 3
Schematische Abbildung der Mäander-Scanstrategien im LPBF-Prozess [20], dem Skywriting-Verfahren und der Hatchvorschubdrehung

Bei der Mäander-Scanstrategie wird der Laser von links nach rechts (1) und in der darauffolgenden Spur, die um den Hatchabstand (Δy_s) in y-Richtung versetzt ist, von rechts nach links (2) bewegt. In den Umkehrpunkten wird ein sogenanntes Skywriting [21] durchgeführt (vgl. Bild 3). Ziel dieses Skywriting-Verfahrens ist es, innerhalb der Bauteilkontur eine beschleunigungsfreie Scanner- und damit Laserstrahlbewegung zu erreichen. Dies wird realisiert, indem der Laserstrahl beim Verlassen der Bauteilkontur ausgeschaltet wird.

Kurz nach der Bauteilkontur wird in einem Polygon die Scanrichtung um 180° geändert, um anschließend den Laserstrahl so einzuschalten, dass bei Erreichen der Bauteilkontur die gewünschte Laserleistung und Scangeschwindigkeit konstant vorliegen.

In der nächsten Schicht wird die Hatchrichtung um einen definierten Winkel gedreht (vgl. Bild 3). Typische Drehungen sind eine abwechselnde Links- oder Rechtsdrehung um 90° zur vorherigen Schicht oder eine gleichsinnige Drehung um jeweils 67°. Ziel dieser Drehung ist, die Homogenität des Bauteils zu erhöhen, indem zwei aufeinanderfolgende Schmelzspuren in einem Winkel >0° zueinander stehen [22].

2.2.2 Umschmelzgeometrie

Das Schmelzbad entsteht als Ergebnis der Interaktion zwischen Laserstrahl und Pulverbett in der Wechselwirkungszone. Durch die Ausbildung des Schmelzbades und der geometrischen Form zum Zeitpunkt der Erstarrung wird die Umschmelzgeometrie festgelegt [23]. Diese lässt sich durch metallografische Schliffe (z.B. Längs- oder Querschliffe) visualisieren. Anhand von Querschliffen werden Rückschlüsse auf das Schmelzregime gezogen (vgl. Bild 4).

Bild 4 Schematische Darstellung der verschiedenen Umschmelzgeometrien mit Zuordnung zum vorherrschenden Schmelzregime [24]

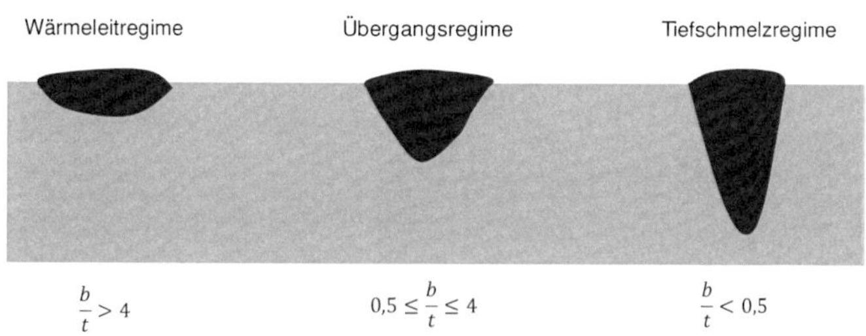

Das Umschmelzregime wird auf Basis des Breiten- zu Tiefenverhältnisses (b/t) bestimmt [25]. Dafür werden die Breite b und die Tiefe t des Schmelzbades vermessen; das anschließend ermittelte b/t-Verhältnis erlaubt die in Bild 4 vorgenommene Unterteilung in drei Schmelzregimekategorien. Das typischerweise im LPBF-Prozess angestrebte Schmelzregime ist das Übergangsregime [26, 27]. Beim Übergangsregime ist die Anbindung an die vorherige Schicht meist sichergestellt, ohne dass Gasporen zu häufig auftreten.

Andere Schmelzregime sind ebenfalls möglich. Typischerweise tritt das Wärmeleitregime bei großen Laserstrahldurchmessern auf, dies kommt beispielsweise im High-Power-LPBF vor [28]. Dabei werden häufig Anbindungsfehler beim Wärmeleitregime beobachtet [29, 30]. Das Tiefschmelzregime wird bei hohen Schichtstärken eingesetzt, um die Anbindung an die vorherige Schicht zu gewährleisten [31, 32]. Mit dem Tiefschmelzregime geht häufig eine vermehrte Gasporenbildung einher, sodass wenn möglich auf das Tiefschmelzregime im LPBF verzichtet wird [26, 32, 33]. Ziel im LPBF-Prozess ist somit, ein Übergangsregime in der Umschmelzgeometrie herzustellen.

2.2.3 Wechselwirkung Bearbeitungswerkzeug und Schutzgasströmung

Die Wechselwirkung zwischen Bearbeitungswerkzeug (beim LPBF der Laserstrahl) und Schutzgasströmung findet während der Belichtung statt [34]. Die Aufgabe der Schutzgasströmung besteht darin, die während des Prozesses entstehenden Prozessnebenprodukte aus der Bearbeitungszone des Lasers abzuführen [35]. Somit interagieren Bearbeitungswerkzeug und Schutzgasströmung nicht direkt miteinander, sondern über die Prozessnebenprodukte.

Bei diesen Prozessnebenprodukten handelt es sich um Spritzer, Schweißperlen, Pulverpartikel und verdampfendes Material, die während des Mikroschweißprozesses entstehen [36]. Die Nebenprodukte führen in Abhängigkeit ihrer Größe bei der Laserstrahlung zu Streuung und Absorption [37]. Dadurch wird die Laserleistung am Bearbeitungsort reduziert und es kann zur Entstehung von Defekten (beispielsweise Anbindungsfehler) kommen.

Die Schutzgasströmung (in vielen Fällen Argon) wird in die Interaktionszone von Laserstrahlung und Pulverbett geführt [38]. Zur Reduktion des Gasverbrauches wird dieser Strom mittels Umluftsystem realisiert, dabei wird Prozessgas aus der Baukammer abgesaugt und über ein Filtersystem von Nebenprodukten mit einer minimalen Größe von 0,1 µm gereinigt [38]. Das gereinigte Schutzgas gelangt über die Einströmungsdüse zurück in die Baukammer, um erneut die Nebenprodukte abzuführen, bevor es wieder abgesaugt wird. Die Geschwindigkeit des Schutzgasstroms wird so eingestellt, dass möglichst viele Nebenprodukte durch die Strömung aus der Wechselwirkungszone abgeführt werden [39, 40]. Allerdings darf der Schutzgasstrom das Pulverbett nicht beeinflussen und Pulver verwirbeln oder abtransportieren [41].

Die Richtung und die Menge der Nebenprodukte hängen unter anderem vom Winkel zwischen Scanrichtung und Schutzgasrichtung ab [42, 43]. Im nachfolgenden Bild 5 sind zwei Umschmelzgeometrien gezeigt, bei denen die Scanrichtung einmal mit und einmal gegen die Schutzgasströmung verläuft.

Bild 5
Umschmelz-geometrie einer Einzelspur auf Titan mit einer Schichtdicke des Pulvers von 50µm bei Scanrichtung in (links) und gegen (rechts) die Schutzgasströmungsrichtung bei identischen Prozessparametern [44]

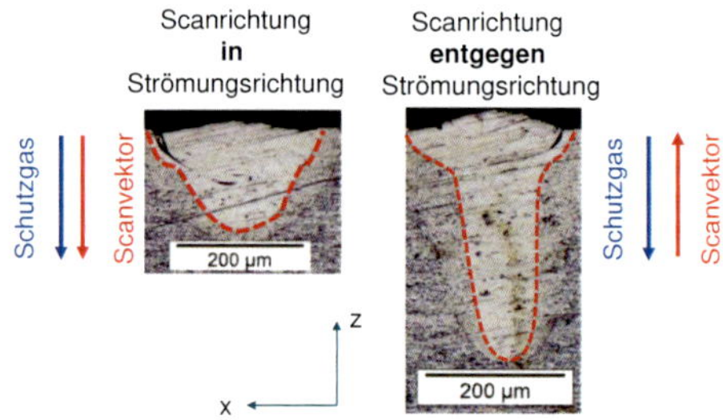

Bei gleichen Parametern und gleicher Pulverschichtdicke ist die Umschmelzgeometrie der Scanrichtung in Richtung der Schutzgasströmung deutlich weniger tief als die gegen die Schutzgasströmungsrichtung. Dabei handelt es sich bei beiden Versuchen um eine Einzelspur auf einem Substrat. Die Scanstrategie in Zusammenhang mit der Schutzgasströmungsrichtung hat demnach einen großen Einfluss auf die Wechselwirkungszone und die resultierende Umschmelzgeometrie (vgl. Kapitel 2.2.2). Um den Einfluss der Schutzgasströmung von der des Bearbeitungswerkzeuges trennen zu können, muss der Winkel zwischen Schutzgasströmung und Scanrichtung beibehalten werden [45].

Die Prozessnebenprodukte lagern sich auf dem Pulverbett ab und führen ihrerseits zu Abweichungen in den Bearbeitungsergebnissen [46]. Es gilt die Regel, dass bei mehreren Bauteilen im Bauraum eine Belichtungsreihenfolge zu wählen ist, bei der die Bauteile von der Schutzgasabsaugungsseite zur Schutzgaseinströmungsseite hin belichtet werden [47].

Um ein Belichten eines einzelnen Vektors mit der Schutzgasströmung zu vermeiden, werden nur Hatchvorschubrichtungen in einem Winkel von ± 60° um die Schutzgaseinströmrichtung zugelassen [42, 47–49]. Diese Belichtung zur Schutzgaseinströmung hin wird „gegen den Wind“ Belichtung genannt und ist schematisch in Bild 6 dargestellt.

Bild 6
Schematische Darstellung des Sperrwinkels für Hatchvorschub zur Belichtung „gegen den Wind“

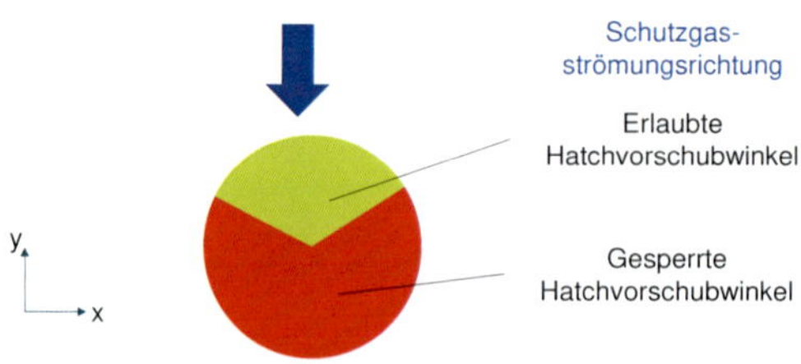

Dieses Belichtungsmodell ist bei der EOS M290 standardmäßig in Prozessparametern hinterlegt und wird üblicherweise bei allen Bauaufträgen verwendet.

2.2.4 Prozesskenngrößen

Neben den Ergebnisgrößen wie der Umschmelzgeometrie und dem daraus resultierenden b/t-Verhältnis werden im LPBF-Prozess Kenngrößen verwendet. Diese Prozesskenngrößen sind formelbasierte Zusammenhänge von Prozessparametern und Werkstoffeigenschaften. Die vier meist verwendeten sind Volumenenergie, Streckenenergie, Intensität und normierte Enthalpie.

Im Rahmen dieser Arbeit wird untersucht, ob diese Prozesskenngrößen als Kriterien für die Anlagenübertragbarkeit genutzt werden können.

Volumenenergie

Die Volumenenergie (E_v) beschreibt die Menge an Energie, die mittels Laserleistung (P_L), Scangeschwindigkeit (v_s), Pulverschichtdicke (D_s) und Hatchabstand (Δy_s) in ein Volumenelement eingebracht wird (Formel 2.1), [22].

2.1

$$\boldsymbol{E_v = \frac{P_L}{v_s * \Delta y_s * D_s}}$$

$E_V = Volumenenergie$
$P_L = Laserleistung$
$v_s = Scangeschwindigkeit$
$\Delta y_s = Hatchabstand$
$D_s = Schichtdicke$

Streckenenergie

Wird die Volumenenergie um die Parameter Pulverschichtdicke und den Hatchabstand reduziert, resultiert die Streckenenergie (Formel 2.2).

2.2

$$\boldsymbol{S_v = \frac{P_L}{v_s}}$$

$S_v = Streckenenergie$
$P_L = Laserleistung$
$v_s = Scangeschwindigkeit$

Intensität

Durch die Intensität wird maßgeblich das Schmelzregime festgelegt. Die Intensität beschreibt die Leistung pro Fläche (Formel 2.3).

2.3 $$I = \frac{P_L}{\pi * B_s^{\,2}}$$

I = Intensität
P_L = Laserleistung
B_s = Bearbeitungsstrahlradius

Normierte Enthalpie

Die normierte Enthalpie (Formel 2.4) wurde von Rubenchik et al. 2018 eingeführt [50]. Die normierte Enthalpie beruht auf der Streckenenergie, die um werkstoffspezifische Kennwerte mit dem Ziel erweitert wird, Bearbeitungsergebnisse (z.B. Einschmelztiefen) für verschiedene Werkstoffe zusammenzuführen.

2.4 $$\frac{\Delta H}{h_s} = \frac{A * 2^{0,75}}{\rho * C * T_m \cdot \sqrt{\kappa}} * \frac{P_L}{\sqrt{\pi * v_s * (B_s)^3}}$$

ΔH = spezifische Enthalpie
T_m = Schmelztemperatur
h_s = Schmelzwärme
A = Absorptionsgrad
ρ = Dichte bei T_m
C = spezifische Wärmekapazität bei T_m
κ = Wärmeleitfähigkeit bei T_m
P_L = Laserleistung
v_s = Scangeschwindigkeit
B_s = Bearbeitungsstrahlradius

Die normierte Enthalpie kann bei Gleichhalten des Werkstoffes weiter vereinfacht werden, indem die Konstante k eingeführt wird.

2.5 $$k = \frac{A * 2^{0,75}}{\rho * C * T_m \cdot \sqrt{\kappa * \pi}}$$

A = Absorptionsgrad
T_m = Schmelztemperatur
ρ = Dichte bei T_m
C = spezifische Wärmekap. bei T_m
κ = Wärmeleitfähigkeit bei T_m

Die normierte Enthalpie besteht neben der Konstante somit aus Laserleistung, Scangeschwindigkeit und Bearbeitungsstrahldurchmesser

2.6 $$\frac{\Delta H}{h_s} = k * \frac{P_L}{\sqrt{v_s * (B_s)^3}}$$

2.3 Definitionen

Das Potential des LPBF-Prozesses kann genutzt werden, wenn der LPBF-Prozess in die bestehende Produktionslandschaft integriert wird [51]. Ein Defizit des LPBF-Prozesses ist die mangelnde Kenntnis darüber, wie die Anlagenübertragbarkeit durchzuführen ist. Generell ist es möglich, mit einer gleich eingestellten LPBF-Anlage ein gleiches Ergebnis herzustellen. Wie jedoch die Anlage eingestellt wird, ist nicht vollständig erforscht und häufig „try and error". Maßgeblich für einen erfolgreichen Anlagenübertrag ist die Prozessrobustheit und Ergebnisreproduzierbarkeit [11].

Anlagenübertragbarkeit

Übertragbarkeit generell ist folgendermaßen definiert: *„Übertragbarkeit bedeutet … die Möglichkeit zur Übernahme … einer Sache oder Eigenschaft."* [52]. Wenger [53] formulierter den Übertrag für das LPBF-Verfahren wie folgt: *„Den verlustfreien Übertrag des Bearbeitungsergebnisses von einer Anlage zur anderen."* Das bedeutet, bei der Anlagenübertragbarkeit wird das Ergebnis fixiert (vgl. Reproduzierbarkeit) [54].

Aus den Definitionen folge, dass die Anlagenübertragbarkeit immer dann gegeben ist, wenn ein reproduzierbares Bearbeitungsergebnis zwischen zwei Anlagen herstellbar ist. Ferner gilt die Induktion, dass wenn Anlage A und Anlage B übertragbar sind und dies auch für Anlage B und Anlage C gilt, dann ist auch Anlage A zu Anlage C übertragbar.

Robustheit

Die Robustheit ist definiert als *„die Stabilität gegenüber Störungen"* [55] oder auch als *„Eigenschaft von Verfahren …, auch dann gewisse Gütekriterien aufzuweisen, wenn die diesen Verfahren zugrunde zu legenden Voraussetzungen nicht oder nicht vollkommen gegeben sind."* [56] Für den LPBF-Prozess angewandt bedeutet das, dass Schwankungen in den Eingangs- und Prozessgrößen nicht zu einer Abweichung des Bearbeitungsergebnisses führen. Hierzu zählen zum Beispiel kleine Abweichungen (< 5 K der Umgebungstemperatur oder die Schutzgasreinheit > 99,998 % [57, 58]).

Reproduzierbarkeit

Reproduzierbarkeit ist *„die Möglichkeit etwas zu wiederholen"* [59] *„Für den Prozessanalytiker geht es also hier nicht um die Genauigkeit eines Messsystems, sondern darum, wie gut ein Messwert wiederholbar ist, eine präzise, wiederholbare, wenn auch ungenaue Messung ist ausreichend. Dazu genügt die Reduzierung der zufälligen Fehler, systematische Fehler werden als (unbekannte) Größen im Wiederholungsprozess eingeschlossen."* [60] Für den LPBF-Prozess bedeutet das, dass unter gleichen Versuchsbedingungen (im

Rahmen des einzukalkulierenden Messfehlers) gleiche Ergebnisse erzielt werden. Insbesondere, wenn der gleiche Bauauftrag mehrmals auf der gleichen Anlage hergestellt wird.

Die Reproduzierbarkeit ist in der Regel Voraussetzung für die industrielle Nutzung, da trotz serienproduktionsbedingter Abweichung weiterhin eine gleichbleibende Produktqualität erreicht wird. Die Robustheit unterstützt die Reproduzierbarkeit, denn je robuster der Prozess ist, desto höher die Wahrscheinlichkeit der Reproduzierbarkeit des Bearbeitungsergebnisses und damit der Anlagenübertragbarkeit.

Für eine wissenschaftliche Herangehensweise bedeutet das jedoch, um die Einflüsse für die Anlagenübertragbarkeit detaillierter zu untersuchen, ist eine möglichst geringe Robustheit notwendig. Anderenfalls ist die Robustheit der treibende Faktor für die Reproduzierbarkeit und mögliche Einflussfaktoren der Anlagenübertragbarkeit bleiben unter der Robustheit des Prozesses verborgen.

Rayleighlänge

Die Rayleighlänge ist „*die Distanz zur Strahltaille, bis zu der der Strahldurchmesser um den Faktor $\sqrt{2}$ zugenommen hat.*“ [61, 62]. Das bedeutet, die Rayleighlänge ist der Normalenabstand zwischen der Fokusebene und jener Ebene, an der die Laserstrahlquerschnittsfläche im Vergleich zum Fokus verdoppelt ist (vgl. Bild 7). Mit der Rayleighlänge kann somit die Sensitivität des Bearbeitungswerkzeugs auf eine Veränderung der Bearbeitungsebene bestimmt werden. Dabei gilt, je kleiner die Rayleighlänge, desto höher die Anforderung an die Genauigkeit der Einstellung der Bearbeitungsebene [61].

Bearbeitungsstrahldurchmesser

Der Bearbeitungsstrahldurchmesser ist der Durchmesser des Laserstrahls in der Bearbeitungsebene. Der Bearbeitungsstrahldurchmesser wird mittels Einbränden (vgl. Kapitel 4.3.3) ermittelt und resultiert aus der Verschiebung der Ebene des Fokusstrahldurchmessers um die Differenz der Bearbeitungsebene zur Ebene des Fokusstrahldurchmessers in Propagationsrichtung des Laserstrahls (Defokussierungslänge) (vgl. Bild 7).

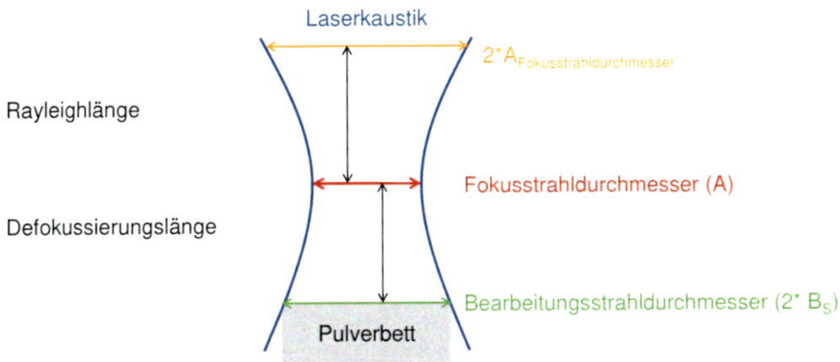

Bild 7
Schematische Darstellung zur Ermittlung des Bearbeitungsstrahldurchmessers aus Laserkaustik und Fokuslage

Die Untersuchung des Einflusses des Bearbeitungsstrahldurchmessers auf das Bearbeitungsergebnis ist Teil dieser Arbeit.

2.4 Untersuchungen Anlagenübertragbarkeit

Die Anlagenübertragbarkeit wird intensiv in mehreren Veröffentlichungen untersucht [63–65]. Am interessantesten und am nächsten am Thema dieser Arbeit sind die Veröffentlichungen von Yadroitsev et al. und Brown et al. [24, 66] und werden im Näheren erläutert.

2.4.1 Untersuchungen Prozesseinflussgrößen

Neben den im Kapitel 2.4.3 beschriebenen Veröffentlichungen haben die Standardisierungsorganisationen begonnen, erste Normen zu veröffentlichen. Aktuell fokussieren die Normen die Werkstoffzufuhr [67]. Dies liegt darin begründet, dass der Einfluss der Werkstoffzufuhr durch die Verwendung immer gleichbleibender Auftragsmechanismen und Pulverauftragswerkzeuge minimiert werden kann [68]. Ein weiterer Aspekt, der nicht direkt mit der Anlagenübertragbarkeit in Zusammenhang steht, aber dennoch der Anlagenübertragbarkeit zugutekommt, ist die Bauteilgestaltung und Formatvorgaben für CAD-Daten für den LPBF-Prozess, dazu exisitieren Richtlinien des VDI [14] sowie der DIN [69].

In der Forschung wird der Einfluss der Schutzgasströmung auf den Prozess untersucht [9, 22, 29, 47, 70, 71]. Dies ermöglicht eine erste Einschätzung der Abhängigkeiten der Bauteilergebnisse von der Schutzgasströmung sowie erste anlagenspezifische Übersichten mit Bausektoren für verschiedene Qualitäten. Diese Erkenntnisse sind in der DIN EN ISO/ASTM 52941 zusammengefasst [72].

Darüber hinaus sind im Stand der Forschung Untersuchungen zum Bearbeitungswerkzeug Laser vorhanden. Die Arbeiten beziehen sich auf den thermischen Shift [73] und den Einflusses der Laserleistung auf das Bearbeitungsergebnis [74, 75]. Ebenfalls untersucht für das Bearbeitungswerkzeug ist der Zusammenhang zwischen der Scanstrategie und Schutzgasströmung (vgl. Kapitel 2.2.3 und [20]). Koutny et al. 2018 [20] folgern, dass die Scanstrategie zusammen mit der Schutzgasströmung den größten Einfluss auf das Bearbeitungsergebnis hat. Unterschiedliche Bearbeitungsstrahldurchmesser werden von Fabbro 2019 [76] erstmals eingeführt, aber bis heute nicht weiter veröffentlicht ist

2.4.2 Reproduzierbarkeit auf einer Anlage

In den Versuchen von Yadroitsev et al. [24] wurden in fünf Bauaufträgen hintereinander die gleichen Proben aus dem Werkstoff TiAl6V4 ELI auf einer EOS M280 Anlage hergestellt. Bei den Untersuchungen der Proben fiel auf, dass es zu Abweichungen von 15 % in der Zugfestigkeit der Bauteile kam. Grund dafür waren Abweichungen bei der Einrichtung der Anlage vor dem

Bauauftrag. Durch ein Wiederholen des Versuches mit standardisiertem Einrichtungsverfahren konnten die Abweichungen der Anlagen untereinander bei gleicher Orientierung und Wärmebehandlung auf unter 2 % in der Zugfestigkeit gesenkt werden. Bei der Standardisierung des Einrichtungsverfahrens wurde die Linse vor jedem Versuch gereinigt, der Pulverwerkstoff für jeden Versuch gesiebt und nach dem Einfüllen verdichtet sowie die Gasauslässe des Umwälzsystems gereinigt. Darüber hinaus wurde immer der gleiche Maschinencode zur Herstellung der Proben verwendet sowie die Baukammer und Bauplattform gereinigt. Anschließend wurde für jeden Bauauftrag ein neues Beschichtungswerkzeug (Stahlklinge) verwendet. Eine standardisierte Anlagenvorbereitung ist damit von größter Bedeutung für die Reproduzierbarkeit der Ergebnisse. Diese Erkenntnisse werden im Kapitel 4 aufgegriffen und für die Untersuchungen dieser Arbeit als Grundlage verwendet.

2.4.3 Reproduzierbarkeit auf unterschiedlichen Anlagen gleichen Typs

Brown et al. [66] untersuchten in ihrer Veröffentlichung auf sechs EOS M280 Anlagen die Schwankungen der mechanischen Kennwerte des Nickelbasiswerkstoffes IN 625 beim Aufbau eines identischen Bauauftrages auf sechs unterschiedlichen LPBF-Anlagen des gleichen Herstellers. Die mechanischen Kennwerte wurden dabei aus fünf Zugproben pro Anlage ermittelt und in einem Boxplot ausgewertet. Die Kalibrierung der Anlagen und des Herstellungsprozesses wurden nach NIST Standards [77] durchgeführt. Da in dem NIST Standard ausschließlich das Vorgehen in einem Ringversuch beschrieben ist, wurden alle Anlagen vom gleichen Bediener eingerichtet und der Bauauftrag durchgeführt. Weiter wurde die Laserleistung bei allen Anlagen gemessen und eingestellt. Nähere Untersuchungen des Bearbeitungswerkzeuges und der Schutzgasströmung wurden nicht vorgenommen. Stattdessen wurden sie beim gleichen Anlagentyp als identisch angenommen. In den Ergebnissen traten Abweichungen zwischen den vermeintlich gleichen Anlagen auf. Brown et al. leiteten aus ihren Untersuchungen eine Schwankungsbreite der Festigkeiten von bis zu 10 % bei gleichen Anlagentypen ab [66].

In den oben beschriebenen Forschungen wurden Titan und die Nickelbasislegierung IN 625 untersucht. Weitere Arbeiten beinhalten Cobalt-Chrom oder Aluminium. Aufbauend auf diesen Ergebnissen wird in dieser Arbeit die Nickelbasislegierung IN 718 auf einer EOS M290 LPBF-Anlage untersucht.

2.5 Zwischenfazit aus dem Stand der Technik

Aus dem Stand der Technik ist bekannt, dass die Anlagenübertragbarkeit ein unabdingbarer Schritt für die weitere Industrialisierung des LPBF-Verfahrens ist. Normungsinstitutionen haben bereits mit der Standardisierung begonnen. Hauptaugenmerk sind dabei der Werkstoff und die Anlagenabnahme. Dennoch bleiben weitere Fragestellungen offen. Zwingend notwendig ist eine tiefgehende Untersuchung der Robustheit und Reproduzierbarkeit im Bereich Anlagenübertragbarkeit. Ein Defizit im Stand der Technik ist die Untersuchungstiefe des Bearbeitungswerkzeuges. Zwar sind generelle Annahmen und Untersuchungen für das Bearbeitungswerkzeug Laser durchgeführt worden, die Literatur lässt jedoch vermuten, dass noch weitere Abweichungen der Bearbeitungsergebnisse im LPBF-Prozess auf das Bearbeitungswerkzeug zurückzuführen sind. Diese Arbeit zielt auf die Erweiterung dieses Verständnisses ab, indem der Einfluss des Bearbeitungswerkzeuges auf die Anlagenübertragbarkeit des LPBF-Prozesses untersucht wird. Dabei werden die folgenden Anforderungen und Erkenntnisse aus dem Stand der Technik verwendet:

- Die Anlagenübertragbarkeit hat die Reproduzierbarkeit des Bearbeitungsergebnisses als Voraussetzung (vgl. Kapitel 2.3).
- Die Reproduzierbarkeit steigt, je größer die Prozessrobustheit ist (vgl. Kapitel 2.3).
- Es existieren bekannte Wechselwirkungen zwischen Schutzgasströmung, Bearbeitungswerkzeug und Werkstoff (vgl. Kapitel 2.2.3).
- Die Erforschung des Bearbeitungswerkzeuges ist nicht so präsent wie die des Werkstoffes und der Schutzgasströmung (vgl. Kapitel 2.4.1).
- Die Umschmelzgeometrie lässt einen Rückschluss auf das Prozessregime zu (vgl. Kapitel 2.2.2).
- Verschiedene Prozesskenngrößen stehen für die Umrechnung des Prozessregimes auf verschiedene Anlageneinstellungen zur Verfügung (vgl. Kapitel 2.2.4).
- Die Reproduzierbarkeit der Bearbeitungsergebnisse auf einer Anlage wurde durch Yadroitsev et al. nachgewiesen (vgl. Kapitel 2.4.2).
- Untersuchungen der Reproduzierbarkeit bei Anlagenübertragbarkeit lassen auf eine Abweichung zwischen LPBF-Anlagen gleichen Typs schließen (vgl. Kapitel 2.4.3).

3 Motivation und Forschungsfragen

Nachhaltigkeit ist eine große Aufgabe, und diese Generation muss Wege finden, diese zu leben. Das bedeutet nicht, dass ein Leben mit Errungenschaften der Forschung und Technik nicht weiter möglich ist. Vielmehr ist Aufgabe der Forschung, Wege zu finden, Konsum und Wohlstand mit Klimaschutz zu vereinbaren. Ein Ansatz ist, Defizite im Stand der Technik klimafreundlicher Technologien zu identifizieren, um mit neuen Erkenntnissen diese zu verkleinern. Das LPBF gehört zu diesen klimafreundlichen Fertigungsprozessen [7], jedoch mit erheblichen Defiziten bei den Einflussfaktoren auf die Prozessstabilität, was eine Anlagenübertragbarkeit erschwert. Daher werden in dieser Arbeit Maßnahmen zur Steigerung der Prozessstabilität des LPBF-Verfahrens erforscht.

Die Anzahl der bekannten Einflussgrößen auf den LPBF Prozess ist groß, je nach Quelle werden zwischen 80 und 160 Einflussgrößen identifiziert (vgl. Anhang Seite A und [19, 78, 79]). Standardisierungsorganisationen wie DIN, ASTM, ISO, etc. arbeiten daran, möglichst viele dieser Faktoren durch Normen festzulegen. Einige Einflussfaktoren werden durch feste Prozessabläufe und immer gleichbleibende LPBF-Anlagen erfolgreich adressiert [67, 68]. Trotz dieser Standardisierung bleiben weiterhin rund 30 Einflussfaktoren übrig (vgl. Anhang Seite A). Diese Einflussgrößen sind in drei Klassen, das Bearbeitungswerkzeug, die Schutzgasströmung und die Werkstoffzufuhr, unterteilt [44]. In Anbetracht des Wissensstandes und der Anzahl an Untersuchungen zur Prozessgasströmung und des Materials wird das Bearbeitungswerkzeug Laser als weniger intensiv und tiefgründig untersucht identifiziert. Deswegen erfolgt in dieser Arbeit eine weiterführende Untersuchung des Bearbeitungswerkzeuges.

Bei der Betrachtung der im Markt eingesetzten LPBF-Anlagen fällt auf, dass diese unterschiedliche Fokusstrahldurchmesser verwenden [80]. Während die meisten Anlagen mit einem Fokusstrahldurchmesser von etwa 100 µm angegeben sind [38], arbeiten weitere Anlagenhersteller mit einem Fokusstrahldurchmesser von 50 µm [81] bis zu 35 µm [82]. Diese Unterschiede zum Anlass nehmend und die Ergebnisse von Brown et al. [77] hinzugezogen, dass selbst bei gleichen Anlagentypen der Anlagenübertrag nicht zu einem reproduzierbaren Bearbeitungsergebnis führt, ist eine weitere Untersuchung des Bearbeitungswerkzeuges gerechtfertigt (vgl. Kapitel Untersuchungen Anlagenübertragbarkeit2.4).

Die zentrale Forschungsfrage dieser Arbeit lautet daher:

Welchen Einfluss hat der Laserstrahldurchmesser auf das Bearbeitungsergebnis und damit auf die Anlagenübertragbarkeit beim LPBF?

Zur Beantwortung dieser zentralen Forschungsfrage werden sechs Untersuchungsschritte durchgeführt. Nach der Reduktion der Einflussparameter auf das Bearbeitungswerkzeug wird zunächst die Reproduzierbarkeit der Bearbeitungsergebnisse an ein und derselben Anlage untersucht.

1. *Reproduzierbarkeit des Bearbeitungsergebnisses auf einer einzigen Versuchsanlage des Typs EOS M290 (Kapitel 5.1 Eine LPBF-Anlage).*

Erst wenn die Reproduzierbarkeit auf einer Anlage gegeben ist, ist eine Untersuchung der Bearbeitungsergebnisse auf dem gleichen Anlagentyp sinnvoll.

2. *Reproduzierbarkeit des Bearbeitungsergebnisses zwischen fünf EOS M290 Anlagen des gleichen Typs (Kapitel 5.2 Ringversuch)*

Aus den Ergebnissen des Ringversuches wird eine Bauteilgeometrie abgeleitet, die auf die vermessenen Abweichungen zwischen den Anlagen sensitiv reagiert.

3. *Identifikation Bauteil mit kleiner Robustheit zur Untersuchung der Reproduzierbarkeit des Bearbeitungsergebnisses (Kapitel 5.3 Sensitive Probengeometrie)*

Anschließend wird diese Geometrie mit den gewonnenen Erkenntnissen aus den Untersuchungen und dem Stand der Technik auf eine Laboranlage übertragen. Auf dieser kann im Vergleich zu der industriellen Anlage der Bearbeitungsstrahldurchmesser ohne weitere Veränderungen an der Anlage untersucht werden. So wird im Rahmen der vorhandenen Möglichkeiten und Grenzen dieser Arbeit versucht, dass alle Untersuchungen unter den gleichen Randbedingungen durchgeführt werden.

4. *Untersuchung der Reproduzierbarkeit des Bearbeitungsergebnisses nach Übertrag von der EOS M290 auf die Aconity Mini mit gleichem optischem System (Kapitel 6.1 Anlagenübertragung auf „ähnliche" Anlage).*

Nach erfolgreichem Übertrag wird der Fokusstrahldurchmesser so verändert, dass er dem kleinsten industriell verwendetem Fokusstrahldurchmesser von 35 µm entspricht. Anschließend werden erneut die dünnwandigen Strukturen aufgebaut.

5. *Untersuchung der notwendigen Anpassungen des Bearbeitungswerkzeugs zur reproduzierbaren Übertragung bei verkleinertem Bearbeitungsstrahldurchmesser (Kapitel 6.2 Anlagenübertragung auf „unterschiedliche“ Anlage).*

Durch Defokussierung wird anschließend der Einfluss des Bearbeitungsstrahldurchmessers auf das Bearbeitungsergebnis untersucht. Interessant ist dabei, in welchem Bereich eine Veränderung des Bearbeitungsstrahldurchmessers eine Anlagenübertragbarkeit vereinfachen könnte.

6. *Methodenentwicklung zur Angleichung unterschiedlicher Bearbeitungsstrahldurchmesser durch Defokussierung des kleinsten Bearbeitungsstrahldurchmessers (Kapitel 6.3 Sensitivität des Bearbeitungsstrahldurchmessers)*

Nach Durchführung der Versuche ist eine Einordnung der Bedeutung des Bearbeitungsstrahldurchmessers und ein Fazit zu den notwendigen laserseitigen Randbedingungen für die Anlagenübertragbarkeit des LPBF-Prozesses bei Laserstrahldurchmesseränderungen über den gesamten industriell verfügbaren Anlagenpark mit Bearbeitungsstrahldurchmessern zwischen 35 µm und 100 µm möglich (vgl. Kapitel 7.1). Die Ergebnisse dieser Arbeit werden einen Beitrag für die Übertragbarkeit von Bearbeitungsergebnissen auf unterschiedlichen Anlagen mit abweichenden Bearbeitungsstrahldurchmessern leisten. Das dafür notwendige Equipment und eine detaillierte Vorgehensweise werden im Kapitel 4 erläutert.

Nach Abschluss der Untersuchungen steht neben der Wissensbasis der Bedeutung des Bearbeitungsstrahldurchmessers auf das Bearbeitungsergebnis eine bisher nicht vorhandene Methodik zur Verfügung, wie auftretende Abweichungen des Bearbeitungsstrahldurchmesser zu adressieren sind. Dadurch zielt diese Arbeit auf die Steigerung der Zuverlässigkeit für den industriellen Endanwender und die verwendeten LPBF-Anlagen und Prozesse ab. Dies erleichtert einen zügigen Einsatz der Erkenntnisse in der Industrie und trägt somit zu einem nachhaltigeren Umgang mit den weltweiten Ressourcen bei.

4 Equipment und Vorgehensweise

Für die Untersuchungen in dieser Arbeit stehen sechs LPBF-Anlagen zweier Typen, fünf kommerzielle EOS M290 LPBF-Anlagen und eine Aconity Mini LPBF-Laboranlage, zur Verfügung. Für die sechs Versuchsreihen werden die LPBF-Anlagen vermessen und möglichst gleich eingestellt. In Herstellversuchen mit dem Werkstoff IN 718 (vgl. Kapitel 4.2) werden aus einer einzigen Pulvercharge die Bearbeitungsergebnisse miteinander verglichen. Eine systematische Untersuchung der Zusammenhänge zwischen Bearbeitungsstrahldurchmesser und Bearbeitungsergebnis erlaubt anschließend eine Aussage über die Bedeutung des Bearbeitungswerkzeuges auf das Bearbeitungsergebnis und somit auf die Anlagenübertragbarkeit.

4.1 LPBF-Anlagen

Die Laserstrahlquelle ist bei allen verwendeten Anlagen ein NdY-Faserlaser mit je einer Maximalleistung von P_L = 400 W bei 1064 nm Wellenlänge. Die Strahlführung und -formung wird durch eine Lichtleitfaser, eine Kollimationsoptik, eine Galvoscannereinheit und eine f-theta-Optik realisiert. Im Weiteren unterscheiden sich die Anlagen wie folgt:

4.1.1 EOS M290

Die LPBF-Anlage M290 ist die meistverkaufte Anlage zur Herstellung von LPBF-Metallbauteilen [83] und wird von EOS Optical Systems GmbH aus Krailling bei München produziert. Die M290 ist ein industriell als zuverlässig eingeschätztes System und besitzt daher einen Luftfahrtzulassung [84]. Da die Luftfahrtzulassung nur mit einer hohen Reproduzierbarkeit vereinbar ist, stellt die M290 eine solide Ausgangslage für die Untersuchungen der Anlagenübertragbarkeit dar (vgl. Kapitel 2.3).

Die M290 hat zur additiven Herstellung von Bauteilen aus schweißbaren Metallwerkstoffen einen Bauraum von 250x250x325 mm. Der 400 W Faserlaser der Firma YPG wird durch ein Scannersystem der Firma ScanLab mittels einer 420 mm f-theta-Optik in der Bearbeitungsebene geführt und zu einem im Fokus etwa 100 µm durchmessenden Strahl geformt [38]. In Bild 8 ist die Baukammer der EOS M290 abgebildet.

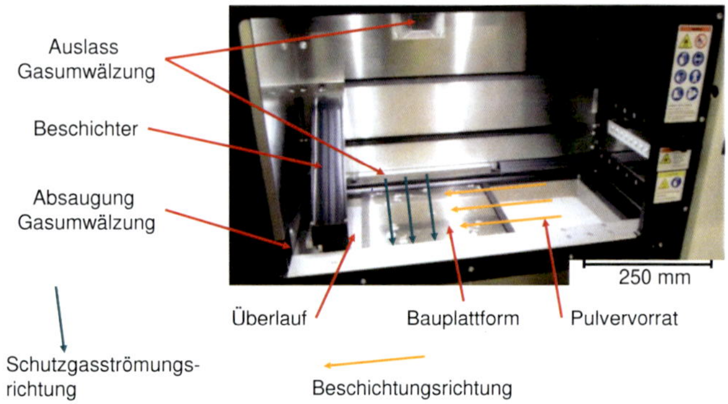

Bild 8
Abbildung der EOS M290 Baukammer mit Beschriftung der prozessrelevanten Komponenten und Funktionsprinzip [85]

Als Einströmdüse der EOS M290 wird eine sogenannte HX Düse eingesetzt (vgl. Bild 9 oben). Diese führt die Strömung über eine längere Strecke, um eine möglichst homogene Einströmung des Schutzgases zu ermöglichen. Die Auslassdüse ist ein quadratisches Rohr mit 5 Strömungsleitblechen (vgl. Bild 9 unten).

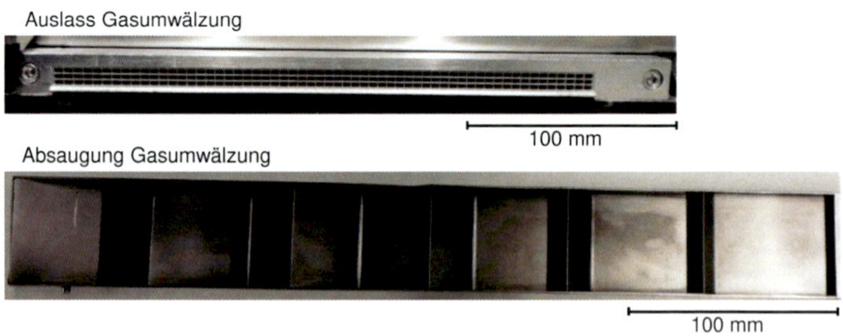

Bild 9
Foto der Auslass- und Absaugdüse der EOS M290

In der Baukammer wird eine inerte Atmosphäre (meistens Argon) hergestellt. Der Werkstoff wird in einem Vorratszylinder neben der Bauplattform gelagert. Nach dem Anheben des Vorratszylinders wird mit dem Beschichter der Werkstoff zur Bauplattform transportiert (vgl. Kapitel 2.2.1). Gängige Beschichtungswerkzeuge sind starre Stahl- oder Keramikklingen sowie flexible Silikonlippen oder Kohlefaserbürsten. In dieser Arbeit wird eine Silikonlippe verwendet, da durch ihre Flexibilität werden Schichthöhenabweichung ausgeglichen oder aus dem Pulverbett herausstehende Objekte bei der Überfahrt des Beschichters weniger beschädigt. Der Abtransport von Prozessnebenprodukten wird durch eine Gasumwälzung realisiert. Beschichtungs- und Schutzgasströmungsrichtung stehen orthogonal aufeinander und sind in Bild 8 skizziert.

Für die Versuche stehen fünf baugleiche EOS M290 Anlagen an verschiedenen Standorten zur Verfügung. Auf ihnen wird ein Ringversuch (vgl. Kapitel 5.2) durchgeführt.

4.1.2 Aconity Mini

Durch ihren modularen Aufbau eignet sich eine LPBF-Laboranlage Aconity Mini für die weiterführenden Untersuchungen, da Komponenten der Anlage verändert oder getauscht werden können. Auf diese Weise kann die Aconity Mini an die EOS M290 angepasst werden, um einen möglichst identischen Nachbau der Prozessbedingungen der EOS M290 auf der Aconity Mini abzubilden. Besonderes Augenmerk liegt auf der Schutzgasströmung und dem Bearbeitungswerkzeug (vgl. Kapitel 2.2.3 und Kapitel 2.3). Bei der Werkstoffzufuhr ist die Verwendung des gleichen Auftragsmechanismus und Werkzeugs sowie der gleichen Auftragsgeschwindigkeit bei der Anlagenübertragbarkeit notwendig.

Generell hat die Anlage einen Bauraum mit einem Durchmesser von 140 mm und einer maximalen Bauraumhöhe von 200 mm. Ausgestattet ist die Anlage mit einem 400 W YPG Faserlaser und einer 420 mm f-theta-Optik. Der resultierende Fokusstrahldurchmesser liegt laut Hersteller bei 80 µm [86]. Die verwendete Konfiguration der Aconity Mini ist nicht mit einer Bauraumheizung ausgestattet. In Bild 10 ist der Bauraum der Aconity Mini abgebildet.

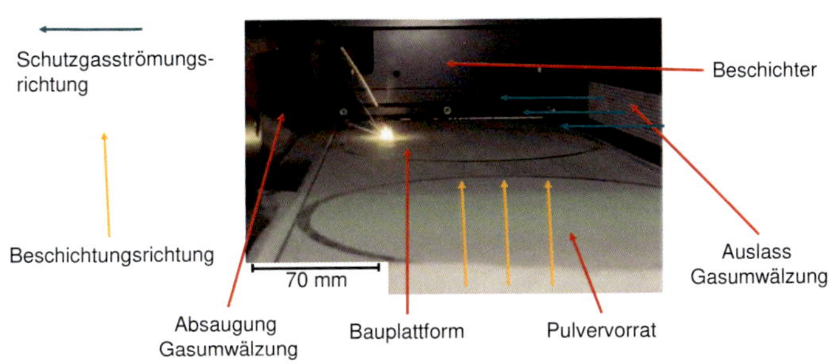

Bild 10
Abbildung des Aconity Mini Bauraums mit Beschriftung der prozessrelevanten Komponenten und Funktionsprinzip [87]

Als Einströmdüse der Aconity Mini wird eine strömungsführende Düse (vgl. Bild 11 oben) eingesetzt. Diese führt zu einer homogenen Einströmung des Schutzgases in den Bauraum. Die Absaugdüse hat die Form eines Langlochs (vgl. Bild 11 unten). Bei den Anlagen (EOS M290 und Aconity Mini) haben die jeweiligen Düsen das gleichen Flächenverhältnis zwischen Auslass- und Absaugdüsenquerschnitt.

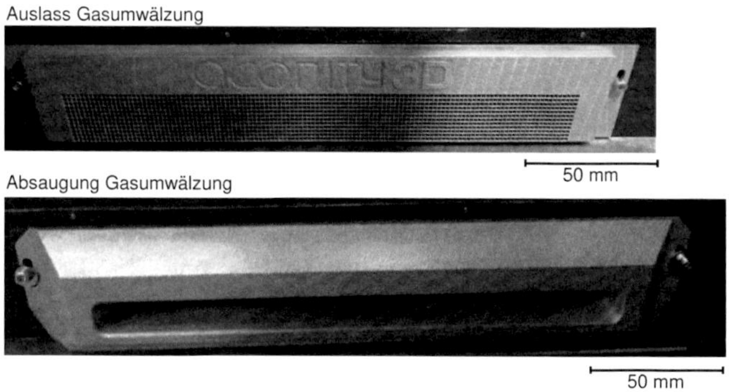

Bild 11
Foto der Auslass- und Absaugdüse der Aconity Mini

Parallelitäten zwischen Aconity Mini Anlage und EOS M290 sind, dass beide eine inerte Atmosphäre (hier Argon) aufweisen. Der Werkstoff wird durch einen Vorratszylinder neben dem Bauraum gelagert. Nach dem Anheben des Vorratszylinders wird mit dem Beschichter der Werkstoff zur Bauplattform transportiert. Verwendet wird als Beschichterwerkzeug eine Silikonlippe (vgl. Kapitel 4.1.1). Der Abtransport von Prozessnebenprodukten erfolgt durch eine Gasumwälzung, wobei die Beschichtungsrichtung wie bei der EOS M290 orthogonal auf der Umwälzungsströmungsrichtung steht (vgl. Bild 10).

Für die Versuche steht eine Aconity Mini Anlage mit zwei verschiedenen optischen Systemen zur Verfügung. Auf der Aconity Mini werden die Anlagenübertragungsversuche (vgl. Kapitel 6) durchgeführt.

4.1.3 Optisches System

Für die Untersuchung des Einflusses des Bearbeitungswerkzeuges wird das Bearbeitungswerkzeug charakterisiert. Neben vergleichbaren Lasern ist ein vergleichbares optisches System notwendig. Für die Untersuchungen werden ausschließlich f-theta-Optiken eingesetzt. Die f-theta-Optik hat die Eigenschaft, den Bildfehler auf der geraden Bauplattform auszugleichen. Durch die Auslenkung des Laserstrahls, um alle Punkte auf der Bauplattform zu erreichen, entsteht ein Einstrahlwinkel. Dieser Winkel und der dazugehörige Kegelschnitt der Laserstrahlkaustik führen dazu, dass aus dem runden Abbildungspunkt ein elliptischer entsteht (vgl. Bild 12 und Anhang Seite D).

Bild 12
Abbildungsfehler durch den Lasereinstrahlwinkel auf der Bauplattform ohne Korrekturmaßnahmen

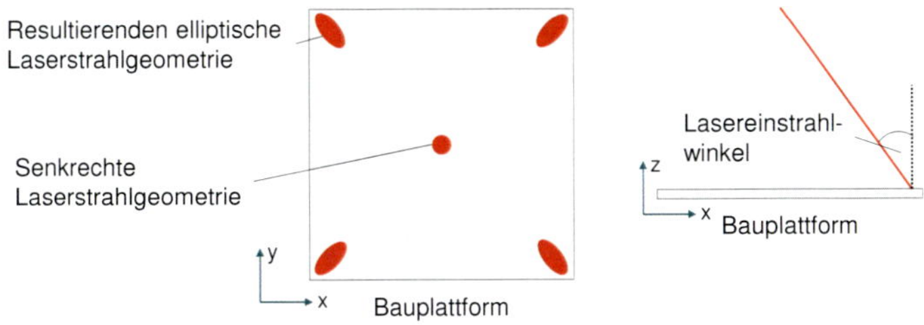

Durch die Anordnung mehrerer optischer Linsen in der f-theta-Optik wird der Effekt des Lasereinstrahlwinkels reduziert und der Lasereinstrahlwinkel entspricht nicht dem geometrischen Auslenkwinkel zwischen Bauplattform und Optikmittelpunkt. Weiter wird durch die f-theta-Optik die Fokuslage ebenfalls mit verschoben, sodass in dem Bereich der telezentrischen Abbildung (< 2° Lasereinstrahlwinkel) die Fokusebene gleich bleibt [88].

Insgesamt werden die Untersuchungen in sechs Schritten (vgl. Kapitel 3) durchgeführt. Dabei wird in den Schritten mit der 420 mm f-theta Linse auf der Aconity Mini ein Sillobjektiv S4LFT1420/328 aus optischem Glas [89] verwendet. Scannersystem und Kollimation sind bei EOS M290 und Aconity Mini identisch. Im Datenblatt der f-theta-Optik wird eine telezentrische Abbildung in der Bearbeitungsebene bei einem Durchmesser von 140 mm um den Mittelpunkt angegeben. Beide optischen Systeme sind mittig über der Substratplatte angeordnet. Die Vermessung des thermischen Shifts [90] ergibt bei beiden Anlagen eine vernachlässigbare Abweichung. Gleiches gilt für die Einstrahlwinkelabhängigkeit (vgl. Anhang ab Seite D). Um dennoch sicherzugehen, wird der telezentrische Durchmesser aus dem Datenblatt (140 mm) für alle Versuche verwendet.

Für die Übertragbarkeit auf einen kleineren Laserstrahldurchmesser wird das Sillobjektiv S4LFT0192/126 aus optischem Glas verwendet [91]. Die Brennweite liegt bei 130 mm, die telezentrische Abbildung laut Datenblatt bei einem Durchmesser von 70 mm um den Mittelpunkt der Optik. Anschließend wird, wie bei der 420 mm f-theta-Optik, der thermische Shift und die Elliptizität des Bearbeitungsstrahls vermessen (Methodik siehe Anhang ab Seite D). Die Untersuchungen ergeben keine Auffälligkeit und ein mit der 420 mm f-theta-Optik vergleichbares Verhalten. Daraus resultiert, dass bei Einschränkung auf den telezentrischen Abbildungsdurchmesser thermischer Shift und Elliptizität für die Untersuchungen nicht von Bedeutung sind. Gleiches gilt für die Einstrahlwinkelabhängigkeit. Bei allen Untersuchungen wird hingegen die Laserleistung, Kaustik und Fokuslage vor jedem Versuch vermessen und ausgewertet (vgl. Kapitel 5 und 6).

4.1.4 Schutzgasströmung

Die Schutzgasströmung, insbesondere ihre Richtung in Relation zur Scanrichtung, hat einen Einfluss auf die Umschmelzgeometrie (vgl. Kapitel 2.2.3 und 2.4.1). Deshalb muss die Schutzgasströmung zwischen den Anlagen möglichst gleich gehalten werden [92]. Leider ist die lokale Vermessung der Schutzgasströmung über der Bauplattform nicht trivial [93, 94]. Daher muss eine andere Methodik gefunden werden, um eine Reproduzierbarkeit der Strömung sicherzustellen. Eine gängige Methodik der Strömungslehre, nicht genau zu charakterisierende Strömungen dennoch zu untersuchen, ist die Kontinuitätsgleichung [95]. Um eine Vergleichbarkeit und Reproduzierbarkeit der Schutzgasströmung sicherzustellen, wird der Volumenstrom an allen verwendeten LPBF-Anlagen vor den Versuchen vermessen. Dies geschieht vor und während des Prozesses mithilfe einer Pitot-Differenzdruckmesssonde [94]. Dadurch kann eine gleiche Strömungsgeschwindigkeit vor der Einstromdüse ermittelt werden [95]. Eine schematische Darstellung der Differenzdruckmessung mittels Messblende ist in Bild 13 dargestellt.

Bild 13 Schematische Darstellung der Volumenstrommessung an einer LPBF-Anlagen

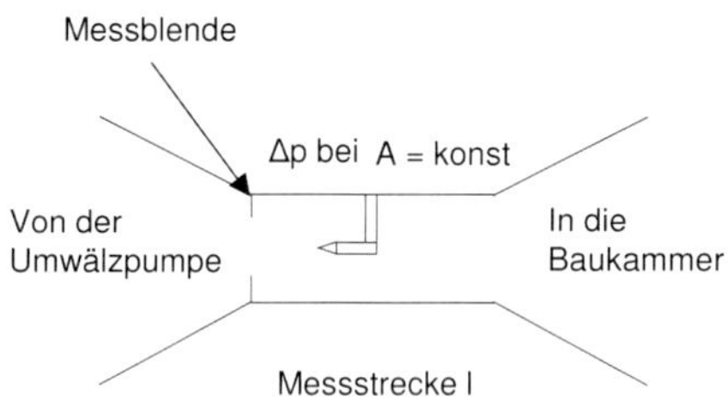

Am vordersten Punkt der Pitotsonde wird der Gesamtdruck und an der Seite der Messtrecke der Umgebungsdruck gemessen. Voneinander subtrahiert ergibt sich der Staudruck oder Differenzdruck [95]. Bis zu einer Strömungsgeschwindigkeit von v = 100 m/s kann von einer inkompressiblen Strömung ausgegangen werden [94]. Damit resultiert aus dem Staudruck die Geschwindigkeit [94]. Dieses Vorgehen stellt sicher, dass bei EOS M290 und Aconity Mini dieselbe Rohrströmungsgeschwindigkeit kurz vor der Einströmdüse eingestellt werden kann. Der generelle Aufbau des Schutzgasströmungssystems bei EOS M290 und Aconity Mini ist in Bild 14 schematisch skizziert.

Bild 14
Schematische Skizze des Umwälzsystems der beiden LPBF-Anlagen

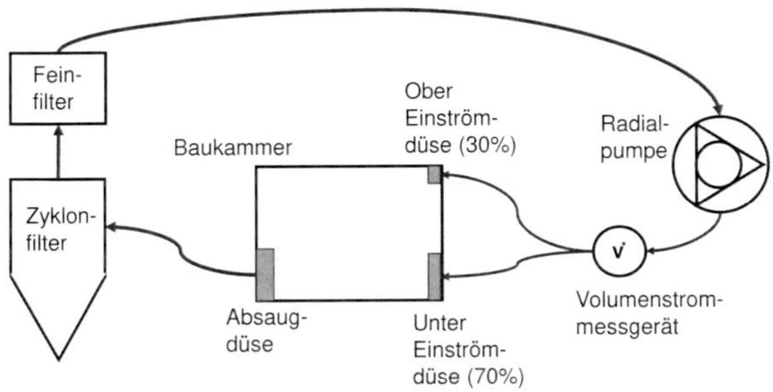

Aufgrund der Anlagengröße unterscheiden sich die Einström- und Absaugdüsen zwischen den Anlagen in den Abmessungen. Da bei beiden Anlagen der Querschnitt der Düsengeometrie und damit der Einströmquerschnitt bekannt ist, kann die Einströmgeschwindigkeit in die Baukammer aus dem gemessenen Volumenstrom mittels der Kontinuitätsgleichung des Volumenstroms (vgl. Formel 4.1) bei inkompressibler Strömung berechnet werden [92].

4.1 $$\dot{\mathbf{V}} = \boldsymbol{A} * \boldsymbol{u}$$

$\dot{V} = Volumenstrom$
$A = Strömungsquerschnittsfläche$
$u = Strömungsgeschwindigkeit$

Bei gleicher Einströmungsgeschwindigkeit ($u_1 = u_2$) für den Volumenstrom in die Baukammer gilt der in Formel 4.2 aufgestellte Zusammenhang.

4.2 $$\dot{\mathbf{V}}_1 = \frac{\boldsymbol{A}_1}{\boldsymbol{A}_2} * \dot{\boldsymbol{V}}_2 \qquad bei\ u_1 = u_2$$

Die Strömungsquerschnittfläche der Aconity Mini (A_1) entspricht 0,57-mal (A_1/A2) jener der EOS M290 (A_2). Der Volumenstrom für die gleiche Eintrittsgeschwindigkeit (u) zwischen Aconity Mini ($\dot{v}_1$) und EOS M290 ($\dot{v}_2$) beträgt $\dot{v}_1 = 0{,}57 * \dot{v}_2$. So wird in allen Versuchen sichergestellt, dass immer der gleiche Volumenstrom $\dot{v}$ eingestellt ist. Nach Durst 2006 resultiert so immer die gleiche Strömungsgeschwindigkeit vor dem Eintritt in die Baukammer von u. In Kapitel 6.1.1 wird diese Beziehung für die Einstellung der Turbinenleistung der Schutzgasströmung verwendet.

4.2 Werkstoff

4.2.1 Zusammensetzung IN 718

In dieser Arbeit wird der Nickelbasiswerkstoff IN 718 verwendet. Nickelbasislegierungen sind hochtemperaturfeste Metallwerkstoffe, die bevorzugt in der Turbomaschinenindustrie eingesetzt werden [84]. Die Zusammensetzung von IN 718 besteht im Wesentlichen aus Nickel, Chrom und Eisen (vgl. Tabelle 1). IN 718 ist eine polykristalline, hochtemperaturfeste, aushärtbare Nickel-Chromlegierung, die eine gute Schweißbarkeit, hohe Alterungsbeständigkeit und Bruchfestigkeit besitzt [96, 97]. IN 718 ist ein für LPBF-Prozesse bekannter und qualifizierter Werkstoff [84].

Tabelle 1
Tabellarische Auflistung der Werkstoffzusammensetzung von IN 718 [98]

Gewichtung Hauptelement

	Ni	Cr	Fe	Nb	Mo	Ti	Al
Max	55	21	Bal.	5,50	3,30	1,15	0,80
Min	50	17	Bal.	4,75	2,80	0,65	0,20

Maximalanteil Nebenelement

	Co	C	Mn	Si	P	S	B	Cu
Max	1,00	0,08	0,35	0,35	0,015	0,015	0,006	0,30

Nach AMS Spezifikation

Für alle Untersuchungen zur LPBF-Anlagenübertragbarkeit wird IN 718 als Pulverwerkstoff verwendet. Um den Einfluss des Werkstoffes auf den Prozess zu minimieren (vgl. Kapitel 2.4), wird gemäß DIN EN ISO/ASTM und NIST Round Robin Standard ausschließlich unbenutztes Pulver derselben Charge des Lieferanten EOS verwendet [63, 99].

Der Pulverwerkstoff wird auf seine chemische Zusammensetzung und Pulverkorngrößenverteilung untersucht. Die chemische Untersuchung ergab keine Auffälligkeiten, alle Werte befanden sich innerhalb der Spezifikation für IN 718 (vgl. Tabelle 1). Die Pulverkorngrößenverteilung wird per Siebanalyse des Herstellers auf eine Korngröße 15 bis 63 µm bei 99 % Volumenanteil und 15 bis 45 µm Korngröße bis 50 % Volumenanteil spezifiziert. In keiner der Forschungsanlagen wurden Pulveragglomerationen oder inhomogener Pulverauftrag festgestellt, sodass von guter Fließfähigkeit des Pulvers ausgegangen wird. Alle Pulverwerkstoffe wurden nach dem Einfüllen in die Versuchsanlagen mittels Einstampfen des Spatels verdichtet [67].

4.2.2 Prozessparameter

Die EOS M290 hat als kommerzielle LPBF-Anlage begrenzte Einstellmöglichkeiten bei den Prozessparametern. Dem Benutzer wird die Freiheit eingeräumt, die Parameter Laserleistung, Scangeschwindigkeit, Schichtdicke, Hatchabstand, Bauplattentemperatur und Differenzdruck der Schutzgasumwälzung einzustellen. Auf die Bauplattenheizung wird bei den Versuchen verzichtet. Der Differenzdruck der Schutzgasumwälzung wird auf $\Delta p = 0{,}79$ bar fixiert. Die weiteren Parameter sind in Tabelle 2 dargestellt.

Tabelle 2
Übersicht der Prozesspara-meter, die zum Aufbau des Bauauftrags Ringversuch verwendet werden

	Laserleistung PL [W]	Scangeschwindigkeit Vs [mm/s]	Hatchabstand Ys [mm]	Schichtdicke Ds [mm]
Hatch	285	960	0,11	0,04
Edge	100	900	-	0,04
Kontur 1	138	390	-	0,04
Kontur 2	80	800	-	0,04

Die Prozessparameter wurden vom Hersteller EOS Optical Systems auf einer EOS M290 Anlage bei einem angegebenen Laserstrahldurchmesser von 100 µm ermittelt. Daraus resultiert eine Kompensation der Schmelzspurmitte in Relation zur wahren Außenkontur (global Beam-offset) von 80 µm. Der Abstand zwischen Hatch und wahrer Außenkante beträgt 100 µm plus global Beam-offset. Der Abstand vom Hatch zur ersten Kontur beträgt 60 µm. Die zweite Kontur hat zum Hatch einen Abstand von 120 µm. Neben den Hatch- und den Konturparametern wird seitens EOS Optical Systems ein Edge-Parameter vorgegeben. Dieser Parameter unterscheidet zwischen Vollmaterial (Hatch) und dünnwandigen Strukturen (Edge) < 200 µm und kommt immer dann zum Einsatz, wenn bedingt durch die Geometriebreite nur eine einzige Schmelzspur zum Aufbau der Geometriebreite notwendig ist. Ist eine Geometrie so schmal, dass der Edge-Parameter zum Einsatz kommt, wird ausschließlich der Edgevektor und kein Konturvektor belichtet.

Weitere Parameter können an der EOS M290 nicht verändert werden. Für die Herstellung des Ringversuches werden daher die Prozessparameter aus Tabelle 2 verwendet. Für die Untersuchungen weiterer Prozessparameteränderungen (z.B. des Bearbeitungsstrahldurchmessers vgl. Kapitel 3) wird die Aconity Mini Anlage (vgl. Kapitel 4.1.2) verwendet.

4.3 Messsysteme

Für die Untersuchung der Anlagenübertragbarkeit wird vor jedem Bauauftrag eine Anlagenvermessung (vgl. Kapitel 5.2.1 und 6.1.1) durchgeführt. Diese sogenannte Anlagencharakterisierung wird immer mit denselben Messsystemen zur Bestimmung der Eigenschaften des Bearbeitungswerkzeuges (Laserleistung, Strahlkaustik, Intensitätsverteilung, Fokuslage relativ zur Bearbeitungsebene) durchgeführt.

4.3.1 Laserleistungsmessung

Die verwendete Methode zur Laserleistungsmessung ist die kalorimetrische Absorptionsmethode. Bei diesem Verfahren wird ein Absorber durch die Laserstrahlung für einen definierten Zeitraum bestrahlt. Dabei erwärmt sich der Absorber. Über den zeitlichen Verlauf der Temperatur des Absorbers wird die Leistung bestimmt (vgl. Anhang Seite F) [100].

Hierzu wird das Messmittel von der Herstellerfirma kalibriert. Diese Kalibrierung legt den angezeigten Absolutwert fest, der vom Messmittel ausgegeben wird. Dies führt dazu, dass eine Bestimmung der Absolutlaserleistung immer von der Kalibrierung abhängig ist. Alle Messungen in den Kapiteln 5 und 6 werden als Relativvergleich und ausschließlich mit ein und demselben Messmittel ausgeführt. Damit die Messergebnisse reproduzierbar sind und die gemessene Erwärmung des Absorbers immer gleich ausfällt, wird das Messmittel jedes Mal vor der Messung auf eine einheitliche Temperatur gebracht. Dazu muss der Absorber gekühlt werden. Dies geschieht entweder durch Luft- oder durch Wasserkühlung. Für die Versuche dieser Arbeit steht das luftgekühlte Laserleistungsmessgerät der Primes Pocket Monitor zur Verfügung.

Bei allen LPBF-Anlagen werden die Leistungswerte 40, 150, 285 und 370 W vermessen. Die Belichtungszeit des Messgerätes bei jeder Messung beträgt 10 Sekunden. Die Vermessung der Laserleistung erfolgt nach dem letzten optischen Element, konkret in der Baukammer in einer Höhe von 200 mm oberhalb der Bearbeitungsebene. Dies ist notwendig, um den Laserstrahl zu defokussieren, damit der Primes Pocket Monitor nicht zerstört wird. Weiter werden die Messungen bei einer Messmittelstarttemperatur von 20 °C ± 0,1 K von derselben Person durchgeführt. Um den Messfehler weiter zu senken, wird jede Messung einer Leistungsstufe sechs Mal wiederholt [101].

4.3.2 Vermessung der Strahlkaustik

Wie in Kapitel 2.2.4 dargestellt, bestimmt der Strahldurchmesser maßgeblich die Prozesskenngröße Intensität. Deshalb wird bei allen in dieser Arbeit verwendeten Anlagen die Strahlkaustik hinter der f-theta-Optik vermessen. Ziel ist die Messung des Strahldurchmessers und der Intensitätsverteilung in Abhängigkeit vom Ort (Strahlkaustik). Über die Strahlkaustik wird die Fokuslage des jeweiligen optischen Systems ermittelt. Die Laserkaustik wird in den Untersuchungen mit einem Kaustikmessgerät der Firma Spiricon gemessen (vgl. Anhang Seite F) [102].

Durch einen Strahlteiler wird 1 % der Laserleistung aus dem Strahlverlauf ausgekoppelt und in Richtung eines CCD-Kamerachips geleitet. Durch einsetzbare Filter wird die Laserleistung so reduziert, dass eine ausreichende, jedoch nicht zu große Intensität des Laserstrahls auf dem Kamerachip ankommt. Gleichzeitig wird der Strahl im Strahlengang zur Kamera so aufgeweitet, dass der Strahldurchmesser mindestens 10 % des Kamerachipdurchmessers einnimmt. Die Intensitätsverteilung wird in verschiedenen Ebenen der Propagationsrichtung des Laserstrahls vermessen. Aus der gemessenen Intensitätsverteilung in den definierten Ebenen wird die Kaustik berechnet. Mithilfe des Auswertungstools kann der Fokusstrahldurchmesser als $1/e^2$ der Energieverteilung [61] in der Taille der Kaustik ausgegeben werden. Je kleiner der Abstand zwischen den Intensitätsverteilungsmessungen, desto höher die Auflösung der Kaustik. Daher wird aufgrund der unterschiedlichen Rayleighlänge (vgl. Kapitel 2.3) bei der 420 mm f-theta-Optik in 1 mm und bei der 192 mm f-theta-Optik 0,2 mm Schritten gemessen (vgl. Kapitel 5.2.1, Kapitel 6.1.1 und Kapitel 6.2.1).

Aus der Kaustik wird der Verlauf des Laserstrahldurchmessers ermittelt, eine Höhenangabe der Kaustik in Bezug auf die Bearbeitungsebene ist mit diesem Messsystem nicht möglich. Zur Ermittlung des Bearbeitungsstrahldurchmessers (vgl. Kapitel 2.3) der LPBF-Anlage ist es notwendig, diese Kaustikmessung mit der Bearbeitungsebene zu korrelieren. Dies geschieht mittels Einzelspureinbränden.

4.3.3 Einzelspureneinbrände

Zur Bestimmung des Bearbeitungsstrahldurchmessers werden Einzelspureinbrände erstellt. Dazu werden Einzelspuren in ein Substrat eingebrant, während die Anlage einen definierten z-Weg der Bauplattform zurücklegt. Dieser z-Weg entspricht 1 mm für die 420 mm f-theta Optik auf der Aconity Mini und EOS M290, für die 192 mm f-theta Optik wird der z-Weg um 0,2 mm verfahren.

Die so entstandenen Schmelzspuren werden im Anschluss lichtmikroskopisch vermessen. Bei der Vermessung der Spuren mittels Lichtmikroskop hängt die Reproduzierbarkeit der Messergebnisse in hohem Maße vom Bediener ab. Zur Reduzierung dieser Fehlerquelle wird daher mit einer automatisierten Auswertung der Schmelzspurbreiten gearbeitet.

Diese automatisierte Auswertung basiert auf einem hochauflösenden Scanner Epson P7100, der die Einzelspuren digitalisiert. Mit dieser Art der Rohdatenerzeugung wird die Reproduzierbarkeit der eingescannten Bilder durch gleichbleibende Belichtung, Fokussierung und Pixelgröße erreicht. Die Genauigkeit dieser automatisierten Auswertung hängt direkt von dem Kontrast der eingescannten Proben ab (vgl. Anhang Seite F).

Die Untersuchungen ergeben, dass ein Unterschied zwischen dem für das Auge des Menschen besten Kontraste gegenüber dem besten Kontrast für den Scanner besteht. Der größte Kontrast im gescannten Bild wurde mit sandgestrahltem Edelstahl erreicht, gefolgt vom eloxierten Aluminimum. Um eine größtmögliche Freiheit bei der gewählten Auswertemethode zu behalten, wird für die weitere Arbeit eloxiertes Aluminium als Substrat verwendet. Der beste Kontrast der Schmelzspuren für die Einbrände in eloxiertem Aluminium wird bei 100 W Laserleistung ermittelt. Der automatisierte Auswertealgorithmus ermöglicht die Reproduzierbarkeit für die Auswertung der Scans und damit für die Bestimmung der kleinsten Schmelzspurbreite (Fokusebene) in Bezug auf die Bearbeitungsebene.

4.3.4 Vermessung des Breiten- zu Tiefenverhältnisses

Die Einbrände geben Aufschluss über den Bearbeitungsstrahldurchmesser und die resultierende Umschmelzbreite auf einem Substrat. Im realen Prozess sind weitere Einflussfaktoren (z.B. Pulver, Vorwärmung, Schichtinteraktion, etc.) vorhanden (vgl. Kapitel 2.2). Daher ist es für den realen LPBF-Prozess notwendig, ein weiteres Verfahren mit direkter Bauteiluntersuchung zu verwenden. Eine Möglichkeit bietet die Untersuchung der Umschmelzgeometrie.

Dazu wird ein metallografischer Schliff mit Kalling 2 (bestehend aus Ethanol, HCl 25 % und CuCl2) angeätzt. Durch das Anätzen werden Schutzschichten und γ‘-Phasen angelöst. Parallel werden die Korngrenzen durch Verdunkelung der Carbide, Nitride und δ-phasen ohne Kontrastierung der η-Phase sichtbar [103]. Diese Elemente lagern sich vorzugsweise an den Grenzen der Schmelzspur ab, dadurch erscheint die Grenze der Umschmelzgeometrie dunkler [103]. Anhand des Verlaufes dieser Grenze wird das Breiten- zu Tiefenverhältnis bestimmt (vgl. Kapitel 2.2.2 und 4.3.4) [23]. Mit diesem Wert kann auf das Umschmelzregime (vgl. Kapitel 2.2.2) geschlossen werden. In dieser Arbeit werden Würfelgeometrie und dünnwandige Struktur untersucht, das angewandte Messverfahren zur Bestimmung des Breiten- zu Tiefenverhältnisses ist in Bild 15 dargestellt.

Bild 15
Geätzter Querschliff zur Veranschaulichung der Messmethode des Breiten- zu Tiefenverhältnisses an einer Würfelgeometrie (links) und einer dünnwandigen Struktur (rechts)

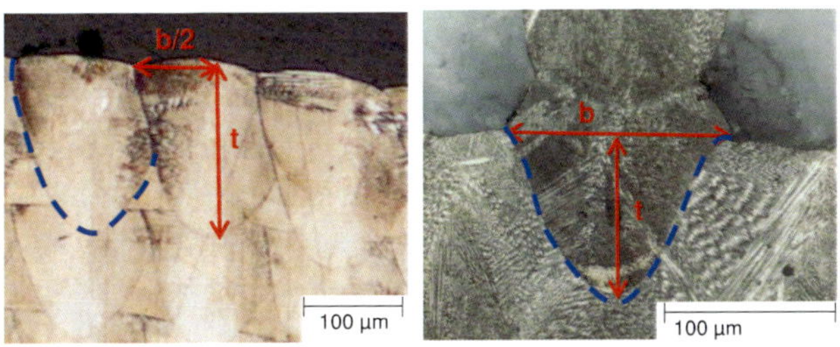

Über die Reaktion der höheren Einzelelementkonzentration am Schmelzbadrand mit der Ätzlösung wird der Rand der Umschmelzgeometrie dunkler. Innerhalb dieser dunklen Linie verläuft die Umschmelzgeometrie [23]. Bei der dünnwandigen Struktur ist die Umschmelzgeometrie klar umrissen. Bei der Würfelgeometrie ist durch den Spurenüberlapp (Resultat aus dem Hatch-abstand) zur Anbindung der Spuren aneinander keine vollständige Breite der Spur zu bestimmen. Um die Oberflächenspannungen der Schmelzspur nicht mit in die Betrachtung einzubeziehen, wird für diese Arbeit die Schmelzspurtiefe nur bis zum Rand der danebenliegenden Struktur vermessen. Die Senkrechte zum tiefsten Punkt der Schmelzspur von dieser Breitenlinie wird als Schmelzspurtiefe verwendet. Der orthogonale Schnittpunkt zwischen der Breitenlinie und der Tiefen wird als halb Schmelzspurbreite für die Würfelgeometrie definiert. Bei der dünnwandigen Struktur wird die Schmelzspurbreite direkt gemessen. Die damit errechneten Breiten- zu Tiefenverhältnisse werden einem Umschmelzregime (vgl. Kapitel 2.2.2) zugeordnet.

4.4 Vorgehensweise der Untersuchungen

Die Untersuchung des Einflusses des Bearbeitungswerkzeugs auf die Reproduzierbarkeit des Bearbeitungsergebnisses und damit eine erfolgreiche Anlagenübertragbarkeit ist nur möglich, wenn der Einfluss des Bearbeitungswerkzeuges den Haupteinfluss auf das Bearbeitungsergebnis hat.

Der LPBF-Prozess hat eine Vielzahl von Einflussgrößen. Aus dem Stand der Technik sind sowohl generelle Einflussgrößen als auch Wechselwirkungen des Bearbeitungswerkzeugs (vgl. Kapitel 2.2.3) mit anderen Einflussgrößen bekannt. Eine übersichtliche Darstellung dieser ist das sogenannte Ishikawa oder Fischgräten Diagramm [104]. In Anlehnung an Klahn [78] wird eine verkürzte Version ausschließlich aus den Haupteinflussgrößen des Bearbeitungsergebnisses erstellt (Original siehe Anhang Seite A) und ist in Bild 16 dargestellt.

Bild 16 Verkürztes Ishikawa Diagramm der Haupteinflussgrößen für den LPBF-Prozess in Anlehnung an Klahn [78]

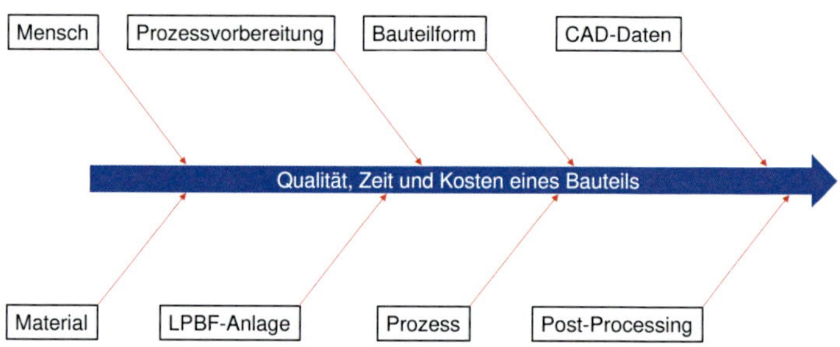

In Bild 16 sind acht Haupteinflussgrößen abgebildet. Diese acht Größen haben einen maßgeblichen Einfluss auf das Bearbeitungsergebnis. Hauptaugenmerk dieser Arbeit liegt auf der Einflussgröße LPBF-Anlage. Damit dieser Einfluss möglichst isoliert betrachtet wird, werden alle anderen sieben Haupteinflussparameter bei den Versuchen so gleich wie möglich gehalten. Dabei sind Veröffentlichungen und Standardisierungen maßgeblich für das Vorgehen.

Laut Klahn [78] sind 8 Kategorien (Mensch, Prozessvorbereitung, Bauteilform, CAD-Daten, Material, LPBF-Anlage, Prozess, Postprocessing) an Einflussgrößen bekannt. Diese werden im Einzelnen folgendermaßen adressiert:

Zu Beginn wird durch die Standardisierung der Arbeitsabläufe und das Verwenden von Neupulver, Training, Erfahrung und Tagesform des Benutzers sowie Pulvereigenschaften, -zusammensetzung, und -recycling auf einen minimalen Einfluss reduziert. Die Anlagen sowie die Filtersysteme werden vor jedem Bauauftrag gereinigt und neu (vgl. Kapitel 4.3.3) vermessen. Dadurch wird der Einfluss von Verunreinigung und abweichenden Anlagen-eigenschaften bei den Versuchen mit aufgenommen. Einmaliges Aufbereiten der CAM-Daten für die LPBF-Anlage und immer gleichbleibende Substratmaterialien steigern weiter eine immer gleiche Bauteil- und Bauauftragsvorbereitung. Darüber hinaus wird durch die einmalige Aufbereitung in Verbindung mit der Anlagenvermessung der LPBF-Prozess selbst im Rahmen der Möglichkeiten dieser Arbeit möglichst genau überwacht. Die LPBF-Anlage selbst bleibt weiterhin die Variable. Vor der Durchführung aller Versuche wird die verwendete Anlage charakterisiert. Diese Anlagencharakterisierung umfasst die Vermessung und Ermittlung der LPBF-Anlageparameter Volumenstrom, Laserleistung, Laserstrahlkaustik, Fokuslage, den ermittelten Bearbeitungsstrahldurchmesser und die resultierende Spurbreite. Diese Charakterisierung ist Grundlage für die Auswertung der Untersuchungen.

4.4.1 Validierung der Reproduzierbarkeit

Das erste Einzelziel *„Validierung der Reproduzierbarkeit des Bearbeitungsergebnisses auf einer einzigen Versuchsanlage vom Typ EOS M290 gemäß Yadroitsev et al. [24]"*, ist die Ausgangslage für alle weiteren Untersuchungen. Mittels Zugproben wird die Reproduzierbarkeit der Zugfestigkeit bei hintereinander erfolgten Bauaufträgen in derselben EOS M290 Anlage ermittelt. Ziel ist nachzuweisen, dass die Bearbeitungsergebnisse auf einer EOS M290 bei mehreren einzelnen Bauaufträgen reproduzierbar sind. Dazu wird 5-mal der gleiche Bauauftrag mit 39 Rundzugproben auf der Bauplattform einer EOS M290 ausgeführt. Randomisiert werden neben dem Standardprozessparameter (vgl. Kapitel 4.2.2) Änderungen der Volumenenergie (vgl. Kapitel 2.2.4) über je einen Parameter von ± 10 % und ± 30 % mit hergestellt. So wird gleichzeitig untersucht, wie sensitiv die Zugfestigkeit auf eine kleine (± 10 %) und eine große (± 30 %) Änderung der Volumenenergie reagiert. Jeder Parameter wird pro Bauplattform dreimal hergestellt. Eine Probe je Parameter und Bauauftrag wird im Zugversuch auf ihre Bruchfestigkeit hin untersucht. Insgesamt werden 65 Zugproben untersucht.

<u>Die Forschungshypothese</u>

Eine LPBF-Anlage mit gleichen Parametereinstellungen stellt in mehreren Bauaufträgen immer das gleiche Bearbeitungsergebnis her (Reproduzierbarkeit). Validiert wird die Forschungshypothese anhand der Reproduzierbarkeit der Festigkeit im Zugversuch der hergestellten Probekörper.

4.4.2 Ringversuch

Das zweite Einzelziel *„Ermittlung der Abweichungen in der Reproduzierbarkeit des Bearbeitungsergebnisses zwischen fünf EOS M290 Anlagen des gleichen Typs in Anlehnung an Brown et al. [43, 44] (Ringversuch)"*, legt die erste

Grundlage für die Anlagenübertragbarkeit und dient der Bestätigung der Ergebnisse von Brown et al. [66, 77]. Mit diesen Versuchen wird die Notwendigkeit der Untersuchung der Anlagenübertragbarkeit (vgl. Kapitel 2.4) bestätigt, während gleichzeitig durch unterschiedliche Strukturen (vgl. Anhang Seite C) nach einer sensitiven Probengeometrie (kleine Robustheit, um auf Abweichungen der Eingangsparameter zu reagieren) gesucht wird. In den Volumen- und Einzelspurgeometrien wird nach Abweichungen in der Aufbaubarkeit, der Form- und Maßhaltigkeit, der Dichte und der Umschmelzgeometrie gesucht.

Die Aufbaubarkeit einer Struktur ist immer dann gegeben, wenn diese nach Beendigung des Bauauftrags noch vollständig vorhanden und auf der ursprünglichen Position der Bauplattform steht.

Die Form- und Maßhaltigkeit wird mittels Streifenlichtprojektion über die gesamte Bauplattform vermessen. Dies ermöglicht den Vergleich des erfahrenen Verzuges zwischen den Anlagen und in Relation zu der Sollgeometrie aus den CAD Daten. Dieser wird mittels „best fit" zwischen vermessener Punktewolke und der CAD Datei ermittelt. Die Abweichungen werden in einem Falschfarbenbild dargestellt. Eine Abweichung der Form- und Maßhaltigkeit bis zu ± 0,2 mm ist ein industrieller Standard für LPBF-Bauteile der untersuchten Größen [105].

Dichte und Umschmelzgeometrie werden an einem metallografischen Schliff orthogonal zur Schmelzspurrichtung vermessen. Die Dichteanalyse erfolgt an fünf 1x1 mm^2 großen mikroskopischen Aufnahmen des Volumens der Schliffläche mittels Kontrastabgleich. Durch die Belichtung der Probe sind Poren und Fehlstellen dunkler als das Vollmaterial. Mittels Binärbild wird die Anzahl der schwarzen Pixel durch die Gesamtpixelanzahl geteilt. Dieser Quotient repräsentiert die Dichte dieser Aufnahme, das arithmetische Mittel der fünf Aufnahmen wird als Bauteildichte definiert. Die Bauteile werden als dicht eingestuft, wenn die Dichte 99,95 % übersteigt [19, 22, 28, 79, 106].

Forschungshypothese

Bei fünf gleichen Anlagen sind die Bearbeitungsergebnisse beim Gleichhalten der Prozessparameter reproduzierbar. Validiert wird die Hypothese am Bearbeitungsergebnis in Bezug auf eine Aufbaubarkeit, Dichte >99,95 %, Umschmelzgeometrie des Übergangregimes, Form- und Maßhaltigkeitsabweichungen < ±0,2 mm.

4.4.3 Sensitive Probengeometrie

Die im Ringversuch ermittelten Abweichungen dienen als Grundlage für die dritte Untersuchung: *„Suche nach einem Bauteil mit möglichst kleiner Robustheit im Ringversuch zur Untersuchung der Reproduzierbarkeit des Bearbeitungsergebnisses."* Für die weitere Untersuchung des Einflusses des Bearbeitungswerkzeuges auf das Bearbeitungsergebnis ist es notwendig, eine Testgeometrie zu identifizieren, die auf Abweichungen des Bearbeitungswerkzeuges sensitiv reagiert. Hierzu werden alle Geometrien aus Kapitel 5.2 untersucht, die im Ringversuch eine Abweichung im Bearbeitungsergebnis zwischen den „identischen" M290-Anlagen aufweisen. Anschließend werden diese Abweichungen mit der Anlagenvermessung vor den Ringversucht verglichen.

Forschungshypothese

Es existiert eine Struktur die reproduzierbar hergestellt werden kann und sensitiv auf Änderungen der Prozessparameter reagiert. Validiert wird die Forschungshypothese an der Aufbaubarkeit einer Parameterstudie und metallografischen Dichteanalysen.

4.4.4 Anlagenübertrag EOS M290 auf Aconity

Die dünnwandige Struktur wurde auf der EOS M290 erfolgreich hergestellt. Da eine Veränderung am optischen System nicht möglich ist, muss ein flexibleres System, die Aconity Mini verwendet werden. Daher ist die erste Aufgabe dieses Einzelziels die *„Untersuchung der Reproduzierbarkeit des Bearbeitungsergebnisses der dünnwandigen Strukturen von der EOS M290 auf die Aconity Mini mit ähnlichem Bearbeitungsstrahldurchmesser."* Für alle nachfolgenden Untersuchungen ist es wichtig, dass der Anlagenübertrag von der EOS M290 auf die Aconity Mini möglich ist. Bei den Anlagenvermessungen wird besonders auf die Vergleichbarkeit der beiden Anlagen geachtet. Nach Einstellung der Aconity Mini auf die möglichst exakte Nachbildung der Prozessbedingungen wird der Anlagenübertrag mit den auf der EOS M290 Prozessparameterfenster für dünnwandige Strukturen durch Umrechnung des Bearbeitungsstrahldurchmessers mittels Intensität und normierter Enthalpie ausgeführt. Die Bearbeitungsergebnisse werden anhand der Aufbaubarkeit, Dichte und Breiten- zu Tiefenverhältnis verglichen.

Forschungshypothese

Das Bearbeitungsergebnis der EOS M290 ist auf die Aconity Mini übertragbar. Validiert wird diese These am Bearbeitungsergebnis der dünnwandigen Strukturen durch Erreichen einer Aufbaubarkeit, Dichte > 99,95% und einem Breiten- zu Tiefenverhältnis des Übergangsregimes.

4.4.5 Verkleinerter Bearbeitungsstrahldurchmesser

Nach erfolgreichem Übertrag der Bearbeitungsergebnisse von EOS M290 auf die Aconity Mini wird bei diesem Einzelziel der Bearbeitungsstrahldurchmesser halbiert (von 76 µm auf 34 µm). Die *„Erforschung der notwendigen Anpassungen des Bearbeitungswerkzeugs zur reproduzierbaren Übertragung des Bearbeitungsergebnisses der dünnwandigen Strukturen bei verkleinertem Bearbeitungsstrahldurchmesser“*, gibt Aufschluss über die notwendigen Schritte, wenn das Bearbeitungsergebnis zwischen zwei Anlagen mit „groß“ unterschiedlichem Bearbeitungsstrahldurchmesser übertragen werden soll.

Um den Bearbeitungsstrahldurchmesser auf der Aconity Mini zu halbieren, wird die 420 mm f-theta-Optik durch eine 192 mm f-theta-Optik ausgetauscht. Nach dem Austausch wird die Anlage erneut charakterisiert. Um mit dem veränderten Bearbeitungsstrahldurchmesser die dünnwandigen Strukturen aufzubauen, müssen die Prozessparameter (Laserleistung, Scangeschwindigkeit) angepasst werden. Die Schichtdicke verbleibt bei 40 µm. Nach erfolgreicher Umrechnung der Prozessparameter in Kapitel 6.1 wird zur Umrechnung wieder die normierte Enthalpie und Intensität (vgl. Kapitel 2.2.4) verwendet. Um den Einstrahlwinkel vergleichbar zu halten, werden die Probekörper nur innerhalb eines Durchmessers von 70 mm auf der Bauplattform hergestellt (vgl. Kapitel 4.1.3). Mit den errechneten Werten werden die ersten dünnwandigen Strukturen aufgebaut und das Breiten- zu Tiefenverhältnis der Bearbeitungsergebnisse ausgewertet. Ziel ist wieder ein Breiten- zu Tiefenverhältnis des Übergangsregimes (vgl. Kapitel 2.2.2).

Nach der Auswertung des ersten Übertrages wird eine Parameterstudie durchgeführt, um die Prozessparameter für Laserleistung und Scangeschwindigkeit zu identifizieren, die das gleiche Breiten- zu Tiefenverhältnis wie die EOS M290 Versuche der dünnwandigen Strukturen herstellen.

Forschungshypothese

Bei einer Halbierung des Bearbeitungsstrahldurchmessers wird das gleiche Bearbeitungsergebnis erreicht. Validiert wird diese These am Bearbeitungsergebnis der dünnwandigen Strukturen durch eine Aufbaubarkeit und ein Breiten- zu Tiefenverhältnis des Übergangsregimes.

4.4.6 Variabler Bearbeitungsstrahldurchmesser

Nach dem erfolgreichen Aufbau der dünnwandigen Strukturen mit unterschiedlichen Bearbeitungsstrahldurchmessern zwischen 84 µm, 76 µm und 34 µm bleibt die Frage, ob mit einem kleinen Fokusstrahldurchmesser ein größerer Bearbeitungsstrahldurchmesser erzeugt werden kann. Für diese Versuche wird die optische Achse der Aconity Mini mit der 192 mm f-theta-Optik mit einem Fokusstrahldurchmesser von 34 µm verwendet. Durch ein Verfahren der Achse werden verschiedene Bearbeitungsstrahldurchmesser eingestellt. Mit diesen unterschiedlichen Bearbeitungsstrahldurchmessern werden die dünnwandigen Strukturen aufgebaut. Dabei werden im Vergleich zu den vorherigen Versuchen die Prozessparameter des 84 µm Strahls der EOS M290 verwendet (185 W bei 960 mm/s). Dies entspricht dem Parameter des Anlagenübertrags aus den Kapiteln 5.3.1 und 6.1.2. An den resultierenden Bearbeitungsergebnissen wird das Breiten- zu Tiefenverhältnis bestimmt und die Umschmelzgeometrie mit dem der EOS M290 und Aconity Mini mit 420 mm f-theta-Optik verglichen.

Forschungshypothese

Durch die Defokussierung eines kleineren Bearbeitungswerkzeuges wird das gleiche Bearbeitungsergebnis wie das eines doppelt so großen Bearbeitungsstrahldurchmessers erreicht. Validiert wird diese These am Bearbeitungsergebnis des Aufbaus der dünnwandigen Strukturen mittels defokussierter 192mm f-theta-Optik durch die Bestimmung der Aufbaubarkeit, des Breiten- zu Tiefenverhältnisses und Schweißregimes.

Mit den Ergebnissen der sechs Einzelziele wird das Verständnis der Bedeutung des Bearbeitungswerkzeuges Laser bei der Anlagenübertragbarkeit erweitert. Mithilfe aller gewonnenen Erkenntnisse wird abgeschätzt, wie und welche Anpassungen des Bearbeitungswerkzeuges für die Reproduzierbarkeit des Bearbeitungsergebnisses zielführend sind. Abschließend wird ein Fazit für die industrielle Anwendung der Ergebnisse gezogen und ein Ausblick für weitere Forschungsschwerpunkte gegeben.

5 Reproduzierbarkeit der EOS M290

Das Hauptziel der Arbeit ist die Untersuchung der Anlagenübertragbarkeit. Bevor dieses Ziel jedoch verfolgt wird ist sicherzustellen, dass eine Anlage und ein Anlagentyp überhaupt reproduzierbare Ergebnisse erzeugt.

5.1 Eine LPBF-Anlage

Validierung der Reproduzierbarkeit des Bearbeitungsergebnisses auf einer einzigen Versuchsanlage vom Typ EOS M290 gemäß Yadroitsev et al. [24].

Bevor die Anlagenübertragbarkeit untersucht wird, muss zunächst die Reproduzierbarkeit des Bearbeitungsergebnisses nachgewiesen werden. Dies geschieht gemäß dem in Kapitel 4.4.1 definierten Vorgehen. Anschließend wird die prozentuale Abweichung vom arithmetischen Mittelwert dargestellt.

Diese Untersuchungen wurden von Risse [107] an der EOS M290 durchgeführt (Prozessparameter siehe Anhang Seite A). In Bild 17 ist das Ergebnis der Zugversuchuntersuchung von Risse [107] dargestellt.

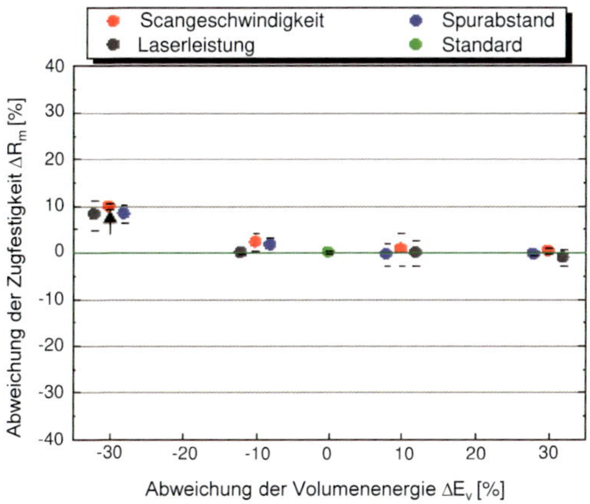

Bild 17
Auswertung von Risse [107] zur Zugfestigkeit von IN 718 LPBF-Proben in Abhängigkeit von der prozentualen Volumenenergievariation über Scangeschwindigkeit, Laserleistung und Spurabstand in Relation zum Standardparameter

Die Auswertung ergibt, dass bei gleichbleibender Schichtdicke unter Variation der drei Einstellparameter (Laserleistung, Scangeschwindigkeit, Spurabstand) erst bei einer Verringerung von – 30 % Volumenenergie eine Veränderung der Zugfestigkeit um mehr als 5 % festgestellt wurde. Ferner sind die Abweichungen des Standardparameters bei unter ± 1 % der Zugfestigkeit. Damit bestätigen die Untersuchungen von Risse [107] die von Yadroitsev et al. [24] festgestellte Reproduzierbarkeit auch für IN 718. Die vorliegenden Ergebnisse weisen darauf hin, dass unter diesen bestimmten Umständen das Bearbeitungsergebnis von IN 718 auf ein und derselben EOS M290 reproduzierbar ist.

5.2 Ringversuch

5.2.1 Anlagencharakterisierung EOS M290

Die fünf EOS M290 Anlagen werden wie in Kapitel 4 beschrieben vor den Untersuchungen hinsichtlich der Laserleistung, Laserkaustik, Fokuslage, dem resultierenden Bearbeitungsstrahldurchmesser und dem Schutzgasvolumenstrom vermessen. Zusätzlich werden die Spezifikationen und technischen Daten der Anlagenkomponenten miteinander verglichen. Alle Komponenten der fünf EOS M290 Anlagen sind identisch. Das bedeutet, die Dimensionen (Bauraum, Arbeitsabstand), die Kinematik (Achsen, Motoren, Ansteuerungen), das Schutzgassystem (Filterstation, Turbinenmotor, Strömungsführung), das optische System (Laser, Faser, Kollimation, Fokussierung, Scanner, f-theta-Optik, Schutzglas) sind identischen Typs mit selbstverständlich unterschiedlichen Seriennummern. Fernen haben die Anlagen eine unterschiedliche Laufzeit (von 570 bis 4360 Std.). Daher ergeben die Messungen einen Anhaltspunkt wie „Gleichheit“ der fünf „identischen“ EOS M290 Anlagen wirklich ist.

Volumenstrommessung

Das verwendete Messsystem und –methodik sind in Kapitel 4.1.4 beschrieben. Darüber hinaus ist ein internes Messsystem in jeder Anlage verbaut, sodass kein Unterschied im Volumenstrom zu erwarten sein sollte. In Bild 18 ist die Auswertung des Volumenstroms der fünf EOS M290 Anlagen über unterschiedliche Differenzdrucke dargestellt.

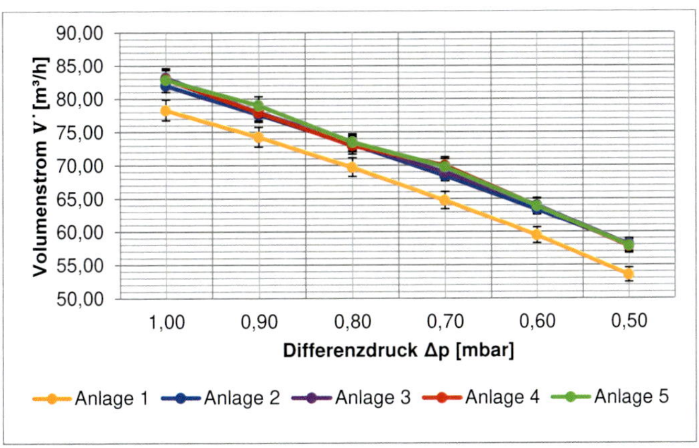

Bild 18 Darstellung der Volumenstrommessung über dem einstellbaren Differenzdruck der EOS M290. Pro Datenpunkt handelt es sich um den Mittelwert inkl. Standardabweichung über ein Messintervall von fünfzehn Minuten.

Anlage eins zeigt bei der Vermessung einen geringeren Volumenstrom als die anderen Anlagen. Dabei wird festgestellt, dass das interne Messsystem fehlerhaft verbaut ist. Das interne Messsystem wird vor den weiteren Versuchen modifiziert. Anschließend erreicht die Anlage eins dieselben Messergebnisse des Volumenstroms wie die anderen vier Anlagen. Darüber hinaus wird bei unterschiedlichen Füllständen der Filter nachgewiesen, dass die Turbinenleistung mittels internem Messsystem korrekt geregelt wird. Nach der Modifikation der Anlage eins sind somit in den fünf EOS M290 bei gleicher Strömungsgeometrie prinzipiell gleiche Schutzgasströmungsausbildungen in der Baukammer zu erwarten (vgl. Kapitel 4.1.4).

Laserleistung

Bei den Messungen der Laserleistung gemäß Kapitel 4.3.1 wird der Pocket Monitor in eine mitgelieferte Halterung der EOS M290 gelegt. Diese Halterung wird zur reproduzierbaren Positionierung des Messgerätes im Bauraum verwendet. Zur Reduktion der Messabweichungen, die aus der Kalibrierung der Messgeräte herrühren, wird die Laserleistung ausschließlich mit demselben Messgerät ausgewertet (vgl. 4.3.1). Die Reproduzierbarkeit des Primes Pocket Monitors ergibt bei sechsfacher Messung eine Standardabweichung vom Mittelwert von unter 1 %.

In Bild 19 werden die Abweichungen der gemessenen Laserleistungen über den Einstellwert aufgetragen, um die Abweichungen der Messwerte untereinander bzw. zu dem eingestellten Sollwert darzustellen.

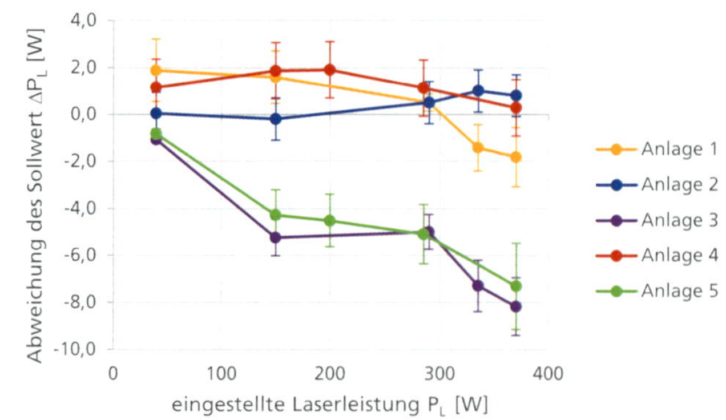

Bild 19 Abbildung des Mittelwerts mit Standard-abweichung der sechs Messpunkte aus der Vermessung der IST-Laserleistung mittels Primes Pocket Monitor über fünf verschiedene Anlagen gleichen Typs bei gleich eingestellter Soll-Laserleistung

Entgegen der in der Einleitung genannten Annahme der identischen Anlagen und damit nur kleiner Abweichungen untereinander verläuft die Laserleistung zwischen den fünf EOS M290 Anlagen nicht identisch, sondern weicht um bis zu 8 Watt vom eingestellten Wert ab. Bei 150 W ist die Schwankung mit über 5 % prozentual am größten.

Die LPBF-Anlagen wurden vor den Versuchen durch die Servicetechniker des Herstellers auf 285 W Laserleistung kalibriert, sodass sich bei 285 W alle Kurvenverläufe schneiden sollten. Vermutlich ist dies auf die Kalibrierungenauigkeit von ± 5 % [108] bei Absolutleistungsmessung des Primes Pocket Monitors zurückzuführen. Dadurch unterscheidet sich die Laserleistung zwischen den fünf EOS M290 Anlagen um bis zu 5 % über die in dieser Arbeit für den LPBF-Prozess eingesetzten Leistungen (60 - 285 W). Ergebnis der vorliegenden Untersuchungen ist, dass die realen Ausgangsgrößen der fünf EOS M290 Anlagen trotz vermeintlich gleicher Einstellgrößen voneinander abweichen.

Strahlkaustik

Mit dem in Kapitel 4.3.2 beschriebenen Spiricon Messgerät wird die Strahlkaustik der fünf Anlagen vermessen. In Bild 20 ist die vermessene Strahlkaustik exemplarisch für die Anlage 3 bei einer Laserleistung von 40 W 9 mm oberhalb und unterhalb des Fokus dargestellt. Der Strahldurchmesser im Fokus beträgt etwas über 85 µm.

Bild 20
Strahlkaustik der EOS M290 Anlage Nummer 3 bei einer Laserleistung von 285 W

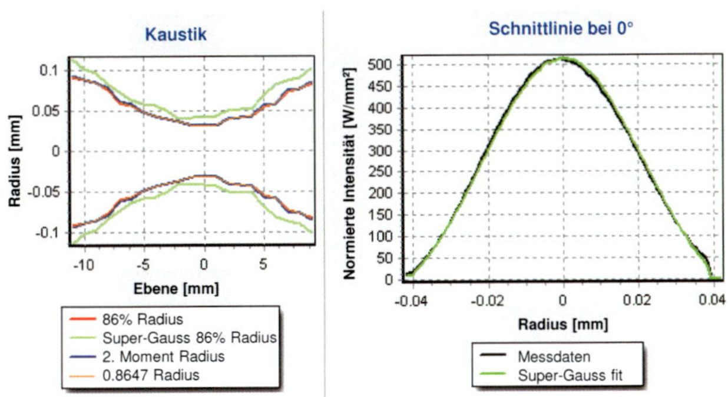

Aus der Vermessung der fünf EOS M290 Anlagen wird an der Taille der Kaustik jeweils der Fokusdurchmesser der Anlage bestimmt. In Bild 21 werden diese aufgetragen und über der Laserleistung dargestellt.

Bild 21
Fokusdurchmesser der fünf EOS Anlagen in Abhängigkeit der Laserleistung aus je sechs Einzelmessungen

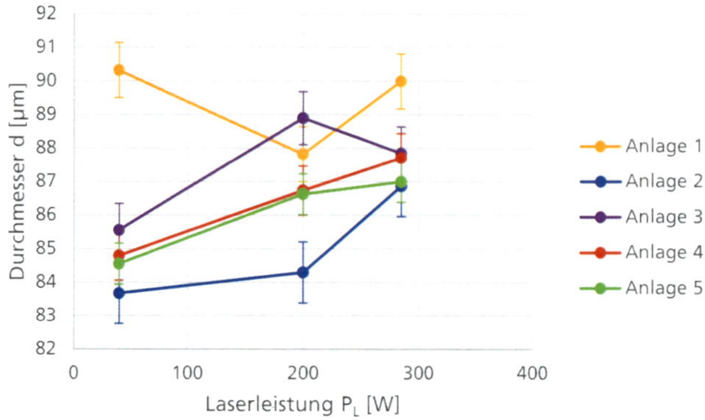

Die Graphen aus Bild 21 weisen auf einen unterschiedlichen Verlauf der Fokusdurchmesser über der Laserleistung hin. Dabei variiert der Strahldurchmesser einer Anlage über die Leistung um bis zu 5 % (4 µm). Der Verlauf bei den Anlagen eins und drei ist gegenläufig. Weiter wird bei 40 W ein Unterschied des Fokusdurchmessers von 8 % (82 – 91 µm) gemessen. Dieser liegt oberhalb der Messungenauigkeit des Kaustik-Messgerätes von ± 2 %. Im Arbeitspunkt bei 285 W wird eine Abweichung über 5 % zwischen Anlage 3 (89 µm) und Anlage 2 (84 µm) erreicht.

Bei der Vermessung der fünf EOS Anlagen wird bei allen Anlagen eine kreisrunde Intensitätsverteilung gemessen, die gaußförmig ausgebildet ist (siehe Bild 22).

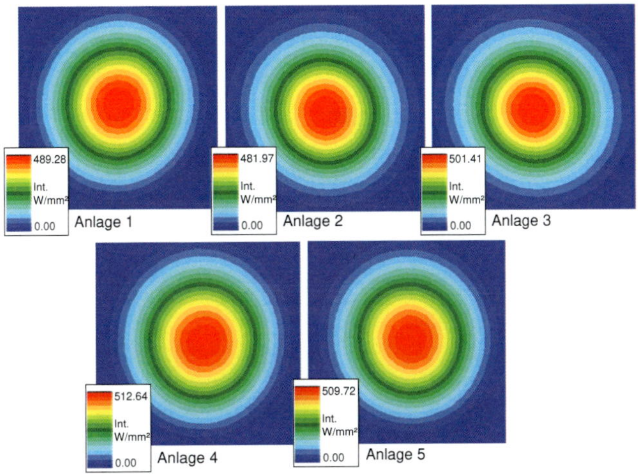

Bild 22
Intensitätsverteilung im Fokuspunkt bei einer Laserleistung von 100 W bei drei EOS M290 Anlagen an drei verschiedenen Standorten

Aus der Vermessung wird ein Unterschied in der Intensität bei einer Laserleistung 285 W zwischen 481 und 513 W/mm² festgestellt, damit ergibt sich eine Intensitätsabweichung aus der Messung von rund ± 3 % zwischen den fünf EOS Anlagen.

Einbrände

Zur Bestimmung der z-Position der Fokusebene in Bezug auf die Bearbeitungsebene, werden Einbrände hergestellt. Die kleinste Schmelzspurbreite (vgl. Kapitel 4.3.3) repräsentiert die Fokusebene. Der thermische Shift kann gemäß Kapitel 4.1.3 vernachlässigt werden (vgl. auch Anhang Seite D). In Bild 23 ist die ermittelte z-Position der Fokusebene in Bezug zur Bearbeitungsebene bei 0 mm ± 0,1 mm der fünf EOS M290 Anlagen aufgetragen. Positive Werte bedeuten einen Fokusebene in z-Position oberhalb der Bearbeitungsebene (über dem Pulverbett), negative Wert unter der Bearbeitungsebene (im Pulverbett).

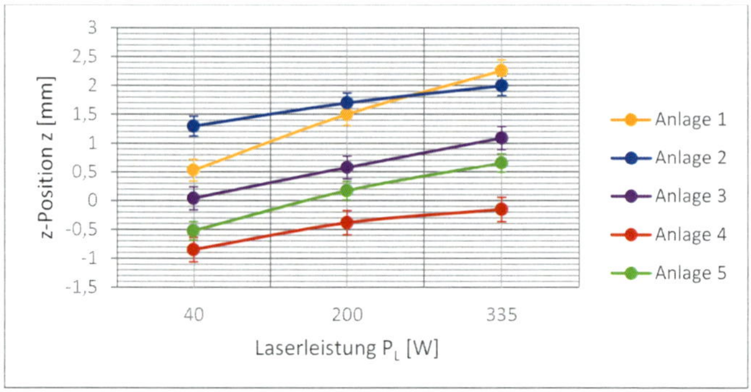

Bild 23
z-Position der Fokusebene in Bezug zur Pulver-bett-oberfläche (z=0) in Abhängigkeit der Laserleistung an den fünf EOS M290 Anlagen (vgl. Kapitel 4.3.3)

Auffällig ist, dass der z-Positionsverlauf bei den Anlagen eins und zwei einen Schnittpunkt ergibt. Dies liegt darin begründet, dass die Fokusebene der beiden Anlagen bei einer Laserleistung von 285 W eingestellt wurde. Bei dem Verhalten der Fokuslage in Abhängigkeit der Laserleistung wird bei allen fünf Anlagen eine Verschiebung der Fokuslage hin zur Optik beobachtet. Diese entspricht dem normalen Verhalten des Systems bei Laserleistungsvergrößerung.

Die unterschiedlichen Lagen der Fokusebenen zwischen den EOS M290 Anlagen führt zu einer Veränderung des Bearbeitungsstrahldurchmessers (vgl. Kapitel 2.3 und [109]) und damit des effektiven Durchmessers des Laserstrahls in der Bearbeitungsebene. Bei den Anlagen eins bis drei vergrößert sich der Bearbeitungsstrahldurchmesser mit zunehmender Leistung. Durch die anfängliche Fokuslage im Pulverbett nimmt der Bearbeitungsstrahldurchmesser bei zunehmender Leistung der Anlagen vier und fünf zunächst ab, bis er nach Durchlaufen der Fokusebene wieder zunimmt. Mithilfe der z-Position und der Kaustik kann der in Bild 24 abgebildete Bearbeitungsstrahldurchmesser errechnet werden.

Bild 24
Vermessen des Bearbeitungsstrahldurchmessers in Abhängigkeit der Laserleistung

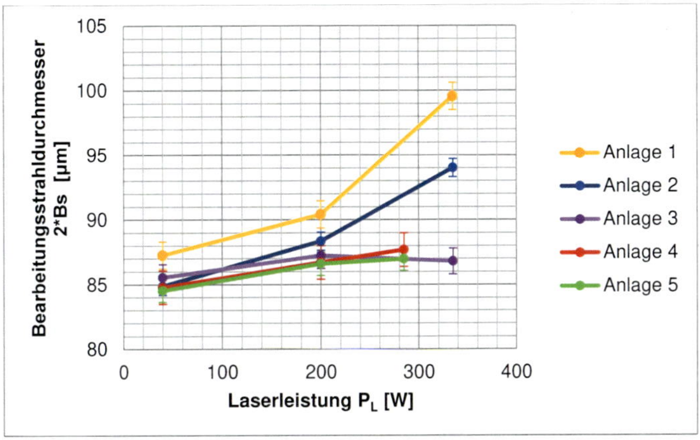

Die Bearbeitungsstrahldurchmesser und somit die Interaktionsfläche des Laserstrahls mit dem Pulverbett weichen bei allen fünf Anlagen voneinander ab. Diese Abweichung nimmt mit zunehmender Laserleistung bis 370 Watt zu (87 bis 99 µm). Im Arbeitspunkt von 285 W Laserleistung ist dies ein Unterschied des Bearbeitungsstrahldurchmessers und damit wirkenden Bearbeitungswerkzeugs von etwa 10 %. Zur Validierung dieser rechnerischen Unterschiede in der Praxis werden 10 Einzelspuren mit 200 W Laserleistung in der Fokusebene hergestellt und ihre Breite vermessen. In Bild 25 ist die Auswertung der Einzelspurbreiten mittels automatisiertem Auswertungsalgorithmus (vgl. Kapitel 4.3.3) dargestellt.

Bild 25
Algorithmische Auswertung der Schmelzspurbreiten in Eloxal bei 200 W Laserleistung zwischen den fünf EOS Anlagen

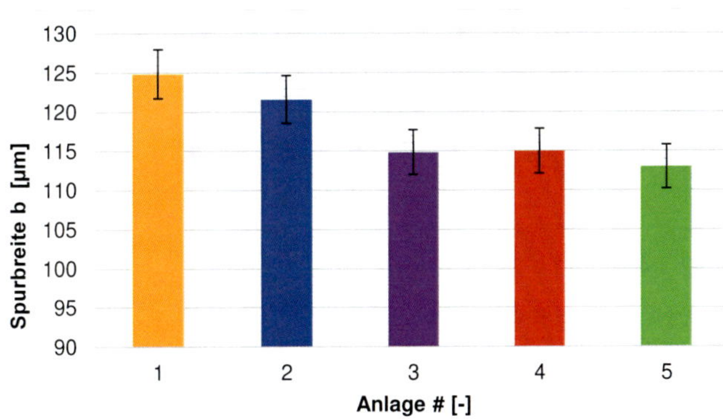

Die Schmelzspurbreite zwischen den Anlagen schwankt von 125 mm bis 113 mm. Dies ist eine Schwankung um bis zu 10 % in der Spurbreite, die Bearbeitungsstrahldurchmesser schwanken zwischen 91 und 86 µm bei 200 W. Es besteht die Möglichkeit, dass der Bearbeitungsstrahldurchmesser einen Einfluss auf die Schmelzspurbreite hat, da die Spurbreite mit den Bearbeitungsstrahldurchmessern korreliert. In Bild 26 sind die Schmelzspurbreite und der Bearbeitungsdurchmesser aufgetragen.

Bild 26
Vergleich der Spurbreite und des Bearbeitungsstrahldurchmessers bei 200 W Laserleistung

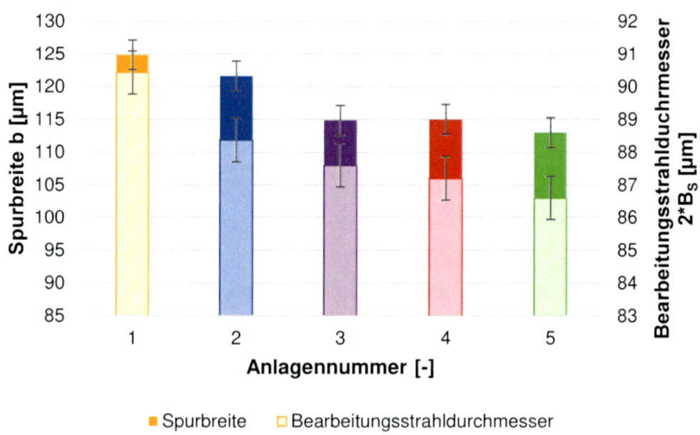

Eine eindeutige Korrelation des Bearbeitungsstrahldurchmessers mit der Spurbreite wird nicht nachgewiesen. Dennoch ähneln die Ergebnisse der Spurbreite und Bearbeitungsstrahldurchmesser einander, sodass ein Zusammenhang zwischen der Spurbreite und den Bearbeitungsstrahldurchmessern in Verbindung mit einer weiteren Größe (vgl. Kapitel 2.2.4) durchaus möglich ist. Dies wird in Kapitel 5.2.3 weiter untersucht.

Zusammenfassend ist festzuhalten, dass für die fünf Anlagen bei der Vermessung Unterschiede in der Laserleistung, dem Laserfokusdurchmesser und der Fokuslage festgestellt wurden. Diese Unterschiede ergeben verschiedene Bearbeitungsstrahldurchmesser der fünf EOS M290 Anlagen. Daraus resultiert ein Unterschied des Bearbeitungswerkzeuges zwischen den EOS M290 Anlagen. Da die Schutzgasströmung und die Belichtungsrichtung in Relation zur Schutzgas bei allen fünf Anlagen als gleich vermessen und eingestellt wurden, ist eine Abweichung des Bearbeitungswerkzeuges wahrscheinlich.

5.2.2 Bearbeitungsergebnisse EOS M290

Der Ringversuch besteht aus fünf baugleichen EOS M290 Anlagen. Alle Anlagen werden unter Aufrechterhaltung gleicher Randbedingungen wie Pulverwerkstoff, Bauauftrag, Prozessparametern und Maschinenbediener betrieben. Zudem wird ein spezifischer Bauauftrag (vgl. Bild 27) für den Ringversuch definiert; dieser wird nur ein einziges Mal aufbereitet und als Maschinencode an die fünf Anlagen übergeben. Die Prozessparameter werden zwischen Bauteilen in Hatch- und bei den Einzelscanvektoren (hier die Wabenstrukturen) in Edge-Vektoren zugeteilt. Die verwendeten Prozessparameter sind in Kapitel 4.2.2 dargestellt. Weiter werden alle Anlagen wie oben beschrieben vermessen, um Abweichungen der Bearbeitungsergebnisse mit Unterschieden in den Messergebnissen zu korrelieren.

Bild 27
Abbildung des Bauauftrages zum Vergleich der Anlagen untereinander im Ringversuch mit gleichen Probekörpern

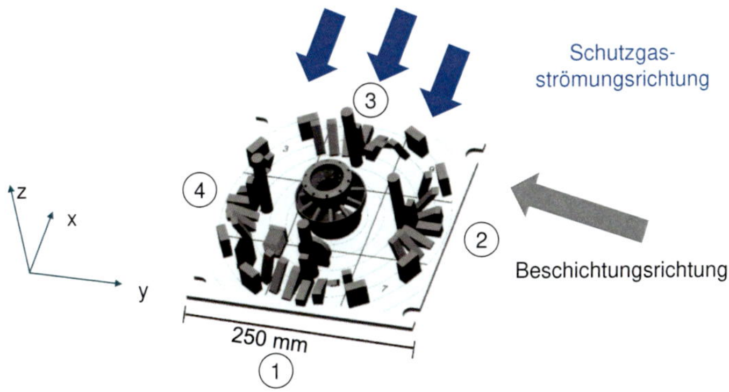

Die Aufbereitung der Bauteile erfolgt gemäß der in Kapitel 2.2.1 angesprochenen Mäander-Scanstrategie unter Rotation der Vektoren von Schicht zu Schicht um 67° und „gegen den Wind“. Die Belichtungsreihenfolge der Bauteile beginnt in der linken unteren Ecke (Ecke der Kanten 1 und 4) hin zur rechten oberen Ecke (Ecke der Kanten 2 und 3) der Bauplattform.

Form- und Maßhaltigkeit

Die Form- und Maßhaltigkeit wird am Bauteil in der Mitte gemessen (vgl. Anhang Seite C). In Bild 28 ist die Falschfarbendarstellung der Vermessung der fünf Bauplattformen abgebildet.

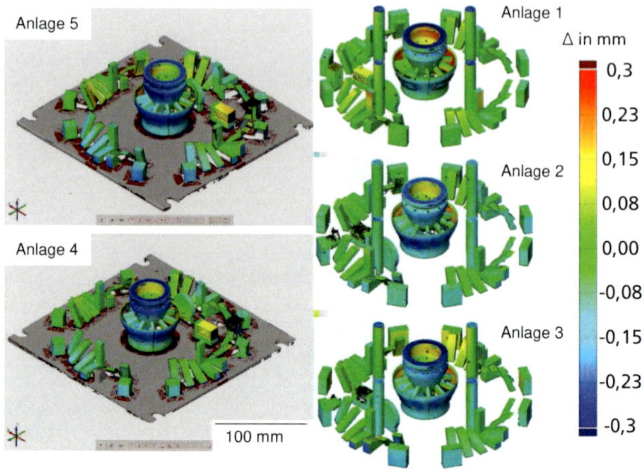

Bild 28
Streifenlichtprojektionsanalyse zur Bestimmung der Form- und Maßhaltigkeit der auf fünf Anlagen gefertigten Proben und des Bauteils

Bei den Proben ist zu erkennen, dass die Maximalabweichung in einem Bereich von bis zu ±0,3 mm liegt. Die größten Abweichungen von bis zu 0,2 mm Untermaß treten bei dem Bauteil in der Mitte der Bauplattform auf. Die 0,3 mm Übermaß werden durch den „best fit" der Bauteile an der Bauplattform bei Anlage 4 und 5 angezeigt. Im Vergleich der Entwicklung des Verzuges zwischen den fünf EOS M290 Anlagen wird festgestellt, dass das Auftreten des Verzuges systematisch und zwischen den fünf Anlagen vergleichbar ist. Werden die Probengeometrien auf den Bauauftrag unabhängig voneinander betrachtet, erfüllen alle Proben das definierte Kriterium von ± 0,2 mm (vgl. Kapitel 4.4.2). Die Form- und Maßhaltigkeit des Ringversuches liegt in den vorgegebenen Grenzen und das Bearbeitungsergebnis ist relativ zwischen den fünf EOS M290 Anlagen gleichverteilt. Daraus resultiert, dass die Form- und Maßhaltigkeit unter den in dieser Arbeit betrachten Randbedingungen und Grenzen reproduzierbar ist.

Dichte

Die Bauteildichte ist ein häufig verwendetes Maß für die Güte des Bearbeitungsergebnisses [20, 78, 106]. Der Zielwert für die Dichte beträgt mindestens 99,95 % (vgl. Kapitel 4.4.2). Im Ringversuch wurden 20x10x10 mm Gefügeproben aufgebaut. Nach der metallografischen Bearbeitung der Gefügeproben werden vor dem Ätzen der Proben je Probe fünf polierte Querschliffbilder aufgenommen, um die Dichte auszuwerten (vgl. Kapitel 4.4.2). In Bild 29 ist die Dichteauswertung mit Schwankungsbreiten über die fünf Anlagen dargestellt.

Bild 29
Metallografische Dichteauswertung aus je fünf Mikroskopaufnahmen pro Ebene in drei Schnittebenen der 8 Dichtewürfel je Anlage.

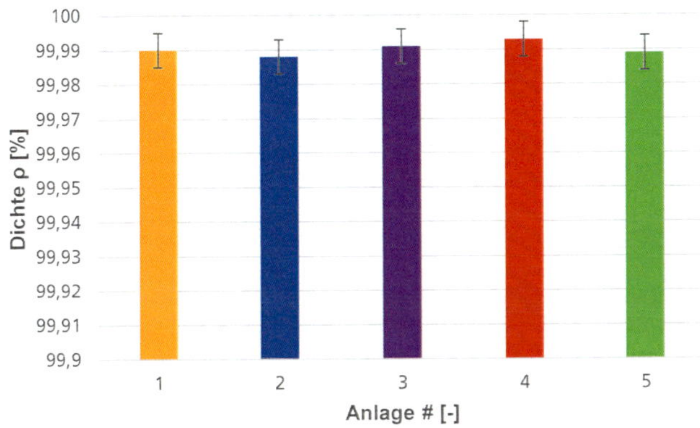

Die Dichte der fünf EOS Anlagen beträgt bei allen vermessenen Proben über 99,95 %, damit ist das Bearbeitungsergebnis in Bezug auf die Dichte im Rahmen dieser Arbeit zwischen den fünf EOS M290 Anlagen reproduzierbar.

Umschmelzgeometrie

Die Umschmelzgeometrie wird an der letzten Schicht der Gefügeproben gemäß der Methodik aus Kapitel 4.3.4 ermittelt. Dazu wird in der letzten Schicht eine Rotation der Scanvektoren gewählt, die orthogonal zur Querschliffebene stehen (vgl. Kapitel 2.2.1). Aus den Querschliffen wird das Breiten- zu Tiefenverhältnis der Umschmelzgeometrie bestimmt (vgl. Kapitel 2.2.2). Um das Breiten- zu Tiefenverhältnis ermitteln zu können, wird der Querschliff angeätzt, die resultierenden Helligkeitsunterschieden im Gefüge repräsentieren die Umschmelzgeometrie (vgl. Kapitel 2.2.2). In Bild 30 ist die Auswertung des Breiten- zu Tiefenverhältnisses exemplarisch für zwei Gefügeproben dargestellt.

Bild 30
Exemplarische Auswertung des Breiten- zu Tiefenverhältnisses am angeätzten metallografischen Schliff

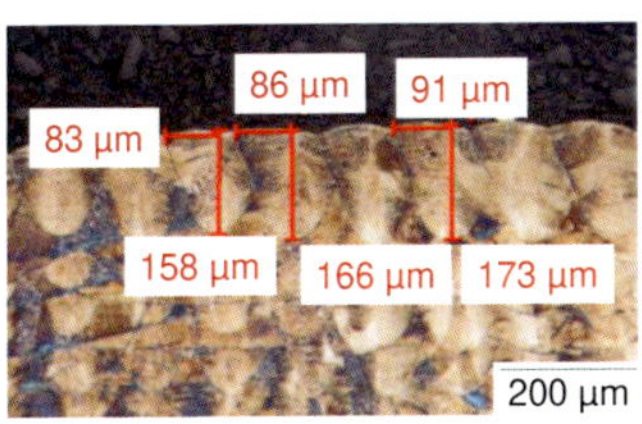

Anlage 2

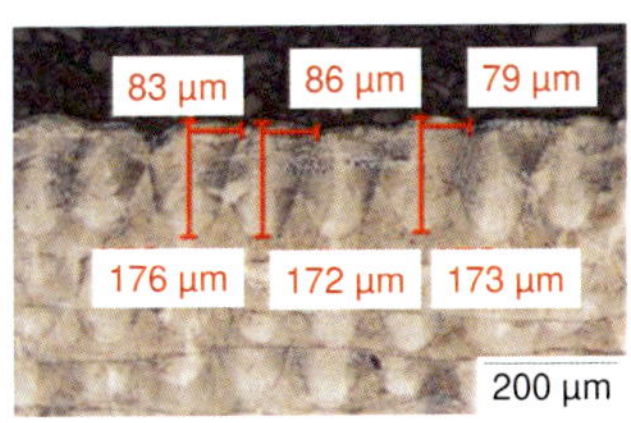

Anlage 4

Pro Gefügeprobe werden 10 Messungen des Breiten- zu Tiefenverhältnisses vorgenommen. Die Auswertung der Gefügeproben nach Kapitel 4.3.4 ist in Bild 31 dargestellt.

Bild 31
Auswertung des Breiten- zu Tiefenverhältnisses der fünf EOS M290 Anlagen

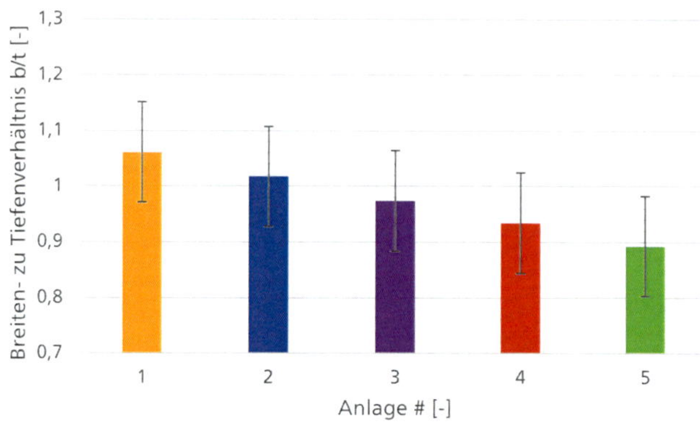

Das b/t-Verhältnis der fünf EOS M290 Anlagen wird mit ungefähr eins ermittelt. Dabei besitzen Anlage eins und Anlage zwei das größte mittlere b/t-Verhältnis. Zwischen Anlage eins und Anlage fünf wird ein Unterschied des mittleren b/t-Verhältnisses von etwa 10 % festgestellt. Die Reproduzierbarkeit des Bearbeitungsergebnisses besonders zwischen Anlage 5 und Anlage 1 wird in dieser Auswertung nicht eindeutig nachgewiesen. Damit ist das Breiten- zu Tiefenverhältnis nicht so robust wie Dichte, Form- und Maßhaltigkeit.

Aufbaubarkeit

Bis auf eine Struktur werden im Ringversuch alle Strukturen auf den fünf EOS M290 Anlagen reproduzierbar aufgebaut. Die Wabenstruktur hingegen wird nur auf Anlage 5 erfolgreich aufgebaut (vgl. Kapitel 4.4.2). Bei zwei weiteren EOS M290 Anlagen (Anlage 1 und Anlage 4) werden Rückstände der Wabenstrukturen erahnt. Bei Anlage 2 und Anlage 3 werden nach Abschluss des Bauauftrages keine Wabenstrukturen mehr identifiziert.

Die Wabenstruktur der Anlage 5 wird im metallografischen Querschliff auf ihre Dichte hin untersucht. Die Wabenstrukturen der Anlage 1 und Anlage 4 waren nicht angebunden und wurden beim Versuch, sie von der Bauplattform zu trennen, zerstört. In Bild 32 ist der metallografische Querschliff der Wabenstruktur von Anlage 5 dargestellt.

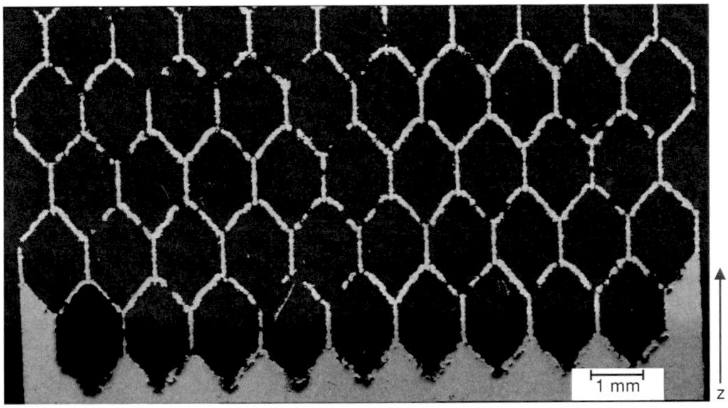

Bild 32
Querschliff der aufgebauten Wabenstrukturen aus dem Ringversuch für Anlage 5

Der metallografische Querschliff ergibt, dass das Dichtekriterium von 99,95 % (vgl. Kapitel 4.4.2) nicht erfüllt ist. Es werden einzelne Bereiche ohne Anbindung an die darunterliegende Schicht festgestellt. Die dünnwandigen Strukturen sind auf keiner Anlage gemäß den Kriterien aus Kapitel 4.4.2 aufgebaut und die Bearbeitungsergebnisse sind nicht reproduzierbar.

Der Ringversuch ergibt, dass die Reproduzierbarkeit der Bearbeitungsergebnisse auf unterschiedlichen Anlagen des EOS M290 Typs nicht vollumfänglich gilt. Für Vollmaterial sind alle Kriterien (Aufbaubarkeit, Dichte >99,95 %, Umschmelzgeometrie des Übergangregimes, Form- und Maßhaltigkeitsabweichungen < ±0,2 mm) erfüllt und damit sind die vollmaterialen Bauteile reproduzierbar herstellbar. Für die dünnwandigen Strukturen, hier Wabenstrukturen, gilt dies nicht. Das grundlegende Kriterium der Aufbaubarkeit ist nicht erfüllt. In der einzig aufgebauten Struktur ist ferner das Kriterium der Dichte nicht erfüllt. Daher ist es notwendig, die dünnwandigen Strukturen noch einmal detaillierter zu betrachten.

5.2.3 Korrelation Anlagenvermessung und Bearbeitungsergebnisse

In Kapitel 5.2.1 und 5.2.2 werden Abweichungen der fünf EOS M290 Anlagen in den Bearbeitungsergebnissen und der Anlagencharakterisierung festgestellt. Daher ist zu klären, ob die festgestellten Abweichungen miteinander in Verbindung stehen. Da die einzige signifikante Abweichung zwischen den fünf EOS M290 Anlagen die Wabenstruktur ist, werden diese weiter untersucht. Aus dem Stand der Technik sind einige Prozesskenngrößen (vgl. Kapitel 2.2.4) bekannt. Die Prozesskenngrößen werden für jede der fünf EOS M290 Anlagen berechnet, dabei werden die gemessenen Werte für den Edge Parameter (vgl. Kapitel 4.2.2) verwendet, da mit diesem Parameter die Wabenstrukturen aufgebaut werden. In Tabelle 3 sind die Prozesskenngrößen anlagenspezifisch dargestellt und mit dem Sollwert verglichen.

Tabelle 3
Tabellarische Auflistung der Kenngrößen Volumen- und Streckenenergie, normierte Enthalpie und Intensität der fünf Anlagen des Ringversuches für die Sollwerte P_L=100 W Vs=960 mm/s Ys=0,11 mm und Ds=0,04 mm

#	Ev [J/mm³]		Sv [J/mm]		ΔH/(k*hs) [-]		I 10⁶[W/cm²]	
	Ist	Abw.	Ist	Abw.	Ist	Abw.	Ist	Abw.
1	24,13	1,9%	0,1062	1,9%	188,3	15,6%	1,54	21%
2	24,13	1,9%	0,1062	1,9%	176,0	8,0%	1,40	10%
3	23,67	0,0%	0,1042	0,0%	200,7	23,3%	1,68	32%
4	23,77	0,4%	0,1046	0,4%	205,7	26,3%	1,74	36%
5	23,25	-1,8%	0,1023	-1,8%	202,1	24,1%	1,71	34%
	Sollwert: 23,67		Sollwert 0,1042		Sollwert: 162,9		Sollwert: 1,27	

Die Auswertung ergibt bei allen Kenngrößen Abweichungen der Anlagen untereinander. Bei der Betrachtung der prozentualen Abweichungen ist eine prozentual höhere Abweichung der normierten Enthalpie (bis zu 26%) und der Intensität (bis zu 36%) gegenüber Volumen- und Streckenenergie (bis zu 2%) zu erkennen. Unter Beachtung der Vermessungsergebnisse aus der Strahlvermessung ist dies auf den Unterschied im Bearbeitungsstrahldurchmesser zurückzuführen. Der Bearbeitungsdurchmesser geht in die normierte Enthalpie sowie in die Intensität in unterschiedlicher Potenz ein (vgl. Kapitel 2.2.4). Eine plausible Begründung, warum die Wabenstruktur auf Anlage fünf aufbaubar ist, könnte die höhere Intensität oder normierte Enthalpie sein. Ein Korrelation der Prozesskenngrößen und den Ergebnissen kann in dem hier untersuchten umfang nicht abgeleitet werden. Die reproduzierbare Aufbaubarkeit von Einzelspurgeometrien, wie der Wabenstruktur, muss weiter untersucht werden.

5.3 Sensitive Probengeometrie

Im Ringversuch (vgl. Kapitel 5.2) wurde die Wabenstruktur als kritische Geometrie bei der Reproduzierbarkeit zwischen den fünf EOS Anlagen identifiziert. Bevor die Parameterstudie durchgeführt wird, ist zunächst die Untersuchung der zu verwendenden Geometrie wichtig.

5.3.1 Probengeometrie

Aus dem Ringversuch (vgl. Kapitel 5.2.2) werden folgende Randbedingungen abgeleitet:

- Die aufgebauten Strukturen bestehen aus nur einem Scanvektor.
- Die Strukturen werden auf einer mittels LPBF-hergestellten Basis aufgebaut. Dabei ist die Anbindung an die Basis essenziell, um die Struktur defektfrei von der Bauplattform abzutrennen.
- Die dünnwandige Struktur ist vor einem mechanischen Einfluss (bspw. dem Beschichter) geschützt.
- Es soll der Einfluss des Bearbeitungswerkzeuges mit der kleinstmöglichen Interaktion mit anderen Einflussparametern betrachtet werden.

Eine dünnwandige Struktur besteht aus nur einem Scanvektor. Diese Struktur wird auf einer LPBF-Basis aufgebracht. Um die dünnwandige Struktur vor mechanischen Einflüssen zu schützen, wird an beiden Enden der dünnwandigen Struktur eine Volumenstrebe aufgebaut. Um den Einfluss anderer Parameter wie beispielsweise dem Überhangwinkel zu vermeiden, wird eine senkrechte Wand aufgebaut. Damit die Aufbaubarkeit nachgewiesen werden kann, ist eine Strukturhöhe von mehr als 20 Schichten notwendig [19, 22]. Abgeleitet aus der Wabenstruktur (vgl. Bild 32) wird die in Bild 33 dargestellte Geometrie identifiziert.

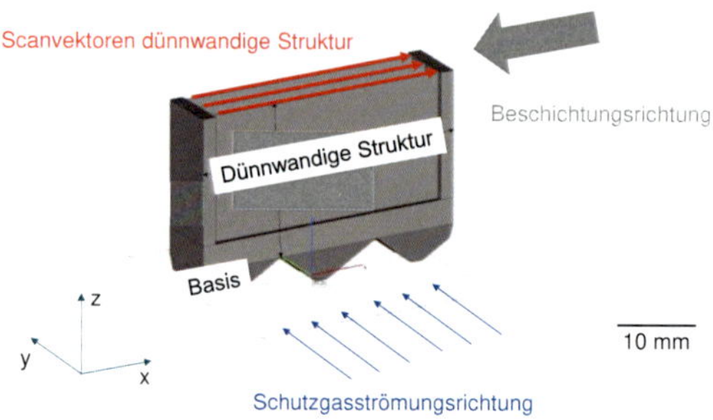

Bild 33 Dünnwandige Struktur als sensitive Probengeometrie z = Aufbaurichtung x = Scanrichtung der Einzelspurwände y = Schutzgasströmungsrichtung

Analog zu den Wabenstrukturen werden die dünnwandigen Strukturen orthogonal zur Schutzgasströmung aufgebaut, so wird gleichzeitig der Einfluss der Schutzgasströmung auf ein Minimum reduziert (vgl. Kapitel 2.2.3). Die Belichtungsreihenfolge der drei dünnen Stege erfolgt entgegen der Schutzgasströmung. Um eine Reproduzierbarkeitsanalyse eines Prozessparameters zu haben und die Schwankungsbreite der dünnwandigen Strukturen zu ermitteln, werden drei dünne Wände pro Struktur aufgebaut.

5.3.2 Sensitivität

Die in Kapitel 5.3.1 ermittelte Ersatzgeometrie zu den Wabenstrukturen wird in einer Parameterstudie auf einer EOS M290 Anlage (Anlage 3) auf ihre Sensitivität gegenüber Abweichungen bei den Prozessparameter untersucht. Aus Kapitel 5.2.3 geht hervor, dass die Prozesskenngrößen normierte Enthalpie und Intensität den größten Unterschied zwischen den fünf EOS M290 Anlagen haben. Daher wird die Parameterstudie auf Basis der normierten Enthalpie über die Laserleistung und Scangeschwindigkeit variiert. Die Intensitätsvariation erfolgt analog zur normierten Enthalpie-Variation über die Laserleistung (vgl. Kapitel 2.2.4).

Startpunkt der Parametervariation ist der EOS Standardparameter (vgl. Kapitel 4.2.2), von dort aus wird die normierte Enthalpie in 0,02-er Schritten mittels Anpassung je einmal der Laserleistung und einmal der Scangeschwindigkeit bis zum Faktor 1,94 erhöht. Anschließend wird bei den aufgebauten dünnwandigen Strukturen die Aufbaubarkeit und Dichte untersucht (vgl. Vorgehen Ringversuch Kapitel 4.4.2). Um die Veränderung der Strahlgeometrie an den Rändern der Bauplattform auszuschließen, wird nur in einem Bereich mit einem Durchmesser von 140 mm um das Zentrum der Bauplattform aufgebaut (vgl. Kapitel 4.1.3).

Das Dichtekriterium (vgl. Kapitel 4.4.2) von Dichte > 99,95 % wird von den dünnwandigen Strukturen mit einer normierten Enthalpie mit dem Faktor von 1,60 ($\Delta H/(k * h_s)$ $= 300$ k) bis zu 1,90 ($\Delta H/(k * h_s)$ $= 390$*k) der EOS Standardparameter erfüllt. Aus der Variation der normierten Enthalpie wird die zugehörige Variation der Intensität berechnet (Auswertung Anhang auf Seite H). Dabei wird festgestellt, dass der Parameterbereich für die dünnwandigen Strukturen um den Faktor fünf kleiner ist als der für Vollmaterial (vgl. auch [110]). Die ermittelten Parameter werden zur Überprüfung der Reproduzierbarkeit erneut aufgebaut. Die dünnwandigen Strukturen werden auf der EOS M290 im ermittelten Variationsbereich vollständig aufgebaut (vgl. Bild 34).

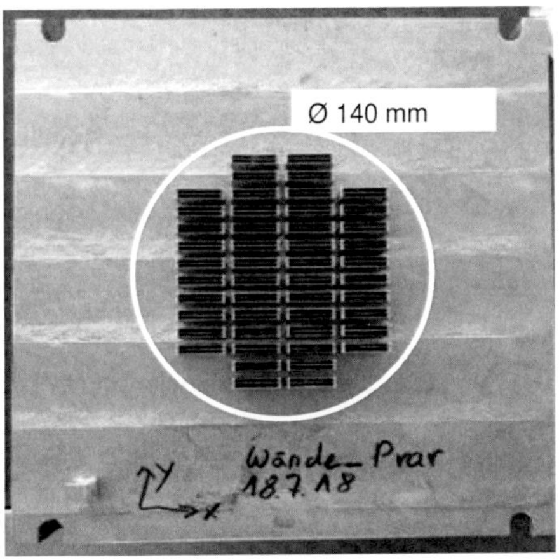

Bild 34
Bauplattform des Bauauftrages zur Validierung der sensitiven Probengeometrie

Eine Veränderung des Bearbeitungsergebnisses je nach Variation der Scangeschwindigkeit oder der Laserleistung wird im metallografischen Schliff untersucht. Im Bild 35 sind die Querschliffe der Mitte der dünnwandigen Strukturen bei verschiedenen Laserleistungen und Scangeschwindigkeiten, aber gleicher normierter Enthalpie abgebildet.

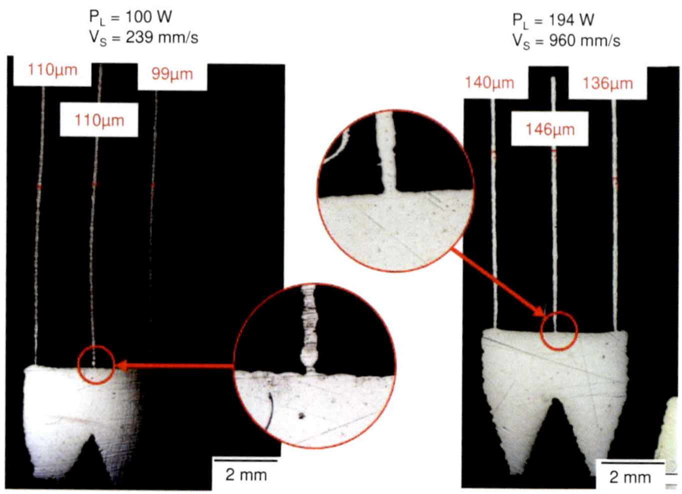

Bild 35
Vergleich der aus fünf Messpunkten gemittelten Wandstärke bei gleicher normierter Enthalpie, aber unterschiedlicher Scan-Geschwindigkeit (links) und Laserleistung (rechts)

Bei gleicher normierter Enthalpie werden zwei unterschiedliche Geometrien ausgebildet. Die Wandstärke variiert um bis zu 40 % zwischen den beiden Probekörpern. Noch eindeutiger ist der Unterschied in der Anbindung der dünnwandigen Struktur an die Basis. Zwar sind alle Strukturen in beiden Proben an die Basis angebunden, aber die Anbindungsbreite der Probe mit der geringeren Scangeschwindigkeit (links) ist deutlich schwächer ausgeprägt. Die Bedeutung des Aufbaus auf einer LPBF-Oberfläche in Aufbaurichtung ist aufgrund der Schichtdickenabweichungen nicht trivial [111, 112]. Dies liegt an der hohen Schichtdickenabweichung der LPBF-Basis. Dies führt zu einer Abweichung der lokalen Schichtdicke am Ort der Anbindung der dünnwandigen Strukturen an die Basis (vgl. Bild 36). Diese Abweichung ist allerdings nur am Anfang der dünnwandigen Struktur sichtbar und nimmt bei zunehmender Aufbauhöhe ab (vgl. Bild 36).

Bild 36
Exemplarische Darstellung der Schichtstärken-abweichung bei der Anbindung und in der Mitte der dünnwandigen Struktur

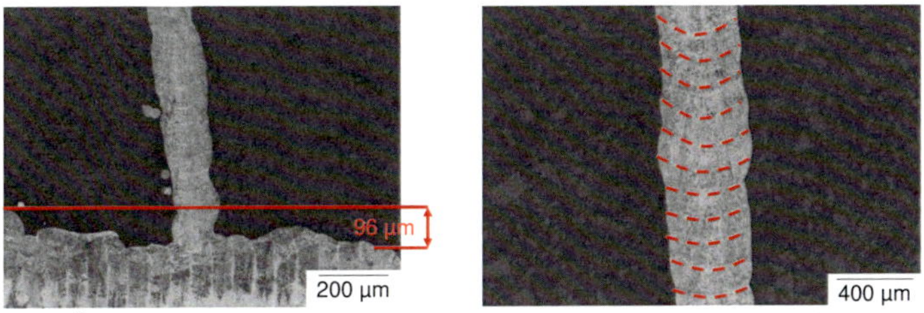

Übergang von Basis auf dünnwandige Struktur

Mitten (> 20 Schichten) im Aufbau der dünnwandigen Struktur

Die dünnwandige Struktur ist generell aufbaubar und erfüllt das Dichtekriterium von größer 99,95 %. Mithilfe der normierten Enthalpie und Intensität wird ein Prozessparameterfenster für den Aufbau der dünnwandigen Strukturen identifiziert. Bei der Auswertung wird festgestellt, dass der Anbindung der ersten Schicht der dünnen Wand an die Basis eine gesteigerte Bedeutung zukommt. Der Aufbau der dünnwandigen Strukturen auf einer EOS M290 Anlage ist in den untersuchten Grenzen und Randbedingungen dieser Arbeit reproduzierbar.

Die Forschungshypothese „Es existiert eine Struktur, die reproduzierbar hergestellt werden kann und sensitiv auf Änderungen der Prozessparameter reagiert" wurde anhand der Dichte und Aufbaubarkeit auf einer EOS M290 Anlage bewiesen. Eine Veränderung des Bearbeitungsstrahldurchmessers auf der EOS M290 Anlage kann jedoch nicht untersucht werden.

5.4 Zwischenfazit Reproduzierbarkeit

Die Reproduzierbarkeit auf den fünf EOS M290 Anlagen ist im betrachteten Rahmen dieser Arbeit vorhanden. Die Reproduzierbarkeit von mehreren Bauaufträgen auf einer einzigen Anlage ist in den in der Arbeit durchgeführten Untersuchungen vorhanden. Bei der Verwendung von mehreren Anlagen des gleichen Typs ist die Reproduzierbarkeit für Vollmaterial im Rahmen der Untersuchungen gezeigt. Allerding sind die dünnwandigen Strukturen nicht im ersten Versuch auf allen Anlagen aufbaubar gewesen. Mit der Korrelation der Vermessung der Anlagen und den Bearbeitungsergebnissen wird ein Unterschied im Bearbeitungsstrahldurchmesser und der relativ vermessenen Laserleistung festgestellt. Mithilfe einer entwickelten vereinfachten dünnwandigen Struktur und der Korrektur der Laserleistungseinstellung unter Berücksichtigung der Bearbeitungsstrahldurchmesser mittels normierter Enthalpie werden die dünnwandigen Strukturen auf allen fünf EOS M290 Anlagen mit den gewählten Randbedingungen reproduzierbar aufgebaut. Der Einfluss des Bearbeitungsstrahldurchmessers muss daher im nächsten Schritt genauer betrachtet werden.

6 Einfluss des Bearbeitungsstrahldurchmessers

Kapitel 5 weist auf einen möglichen Einfluss des Bearbeitungsstrahldurchmessers auf das Bearbeitungswerkzeug hin. Da der Bearbeitungsstrahldurchmesser in den Industrieanlagen variiert, ist eine weitere Untersuchung notwendig. Der Bearbeitungsstrahldurchmesser kann bei der EOS nicht vom Benutzer verändert werden, daher wird auf eine variable Laboranlage ausgewichen.

6.1 Anlagenübertragung auf „ähnliche“ Anlage

Zur Untersuchung der Abweichungen des Bearbeitungsstrahldurchmessers kommt die Aconity Mini zum Einsatz (vgl. Kapitel 4.1). Vor dem Übertragungsversuch wird die Aconity Mini charakterisiert und anschließend die auf der EOS M290 ermittelte Parameterstudie der dünnwandigen Struktur auf der Aconity Mini durchgeführt (vgl. Kapitel 5.3).

6.1.1 Anlagencharakterisierung Aconity Mini mit 420 mm f-theta-Optik

Bei diesen Versuchen an der Aconity Mini wird die 420 mm f-theta-Optik eingesetzt (vgl. Kapitel 4.1.3) und die in Kapitel 4.1.2 Schutzgasströmungsgeometrie verwendet. Wie zuvor wird vor dem Beginn der Versuche die Anlage vermessen. Gemessen wird gemäß der Vorgehensweise aus Kapitel 4 mit den in Kapitel 4.3 beschriebenen identischen Messgeräten wie in Kapitel 5.2.1. So werden die Aconity Mini Messergebnisse direkt vergleichbar mit denen der EOS M290.

Volumenstrommessung

Die Volumenstrommessung wird mittels Pitot-Sonde (vgl. Kapitel 4.1.4) druchgeführt. Im Vergleich zur EOS M290 wird bei der Aconity Mini eine Pumpenleistung anstatt Differenzdruck eingestellt. Um den Einfluss der Verunreinigung des Umluftfiltersystems der Aconity Mini zu minimieren, werden für alle Messungen und Versuche neue Filter verwendet. In Bild 37 ist der gemessene Volumenstrom dieses Aufbaus für die EOS M290 Anlage 3 und die Aconity Mini aufgetragen.

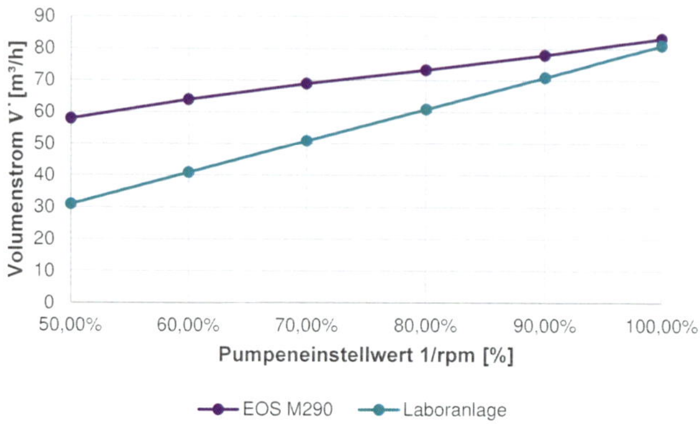

Bild 37 Volumenstromvergleich zwischen der Aconity Mini und der EOS M290 in Aachen über den erreichten Volumenstrom im Messgerät

Die Strömungsquerschnittfläche der Aconity Mini Anlage entspricht 0,57-mal jener der EOS M290 Anlage (vgl. Kapitel 4.1.4). Mittels Kontinuitätsgleichung wird die gleiche Einströmungsgeschwindigkeit zwischen EOS M290 und Aconity Mini bei einer Pumpenleistung von 55% auf der Aconity Mini erreicht (vgl. Kapitel 4.1.4). Bei vergleichbarer Düsengeometrie und Einströmungsgeschwindigkeit wird bestmöglich versucht, dass die Strömungsbedingungen vor Austritt aus der Einströmdüse vergleichbar sind. So wird im Rahmen der messtechnischen Voraussetzungen dieser Arbeit ein möglichst reproduzierbares Strömungsprofil zwischen EOS M290 und Aconity Mini eingestellt. Ferner wird durch die orthogonale Ausrichtung der Probenbelichtungsrichtung zur globalen Schutzgasströmungsrichtung (Einströmung nach Absaugung) die Wechselwirkung zwischen Belichtungs- und Schutzgasströmungsrichtung weiter reduziert (vgl. Kapitel 2.2.3).

Laserleistung

Im Vergleich zur EOS M290 wird bei der Aconity Mini die Laserleistung als Erregungsspannungswert eingestellt. Dieser prozentuale Wert repräsentiert einen linearen Bereich von 0 bis 10 V Erregungsspannung und damit 0 W bis 400 W Laserleistung. Das Ergebnis der Messung ist gemäß der Methodik aus Kapitel 5.2.1 in Bild 38 dargestellt.

Bild 38
Vermessung der Laserleistung mit analog zu den EOS M290 Anlagen mit dem gleichen Messgerät (vgl. Kapitel 4.3.1)

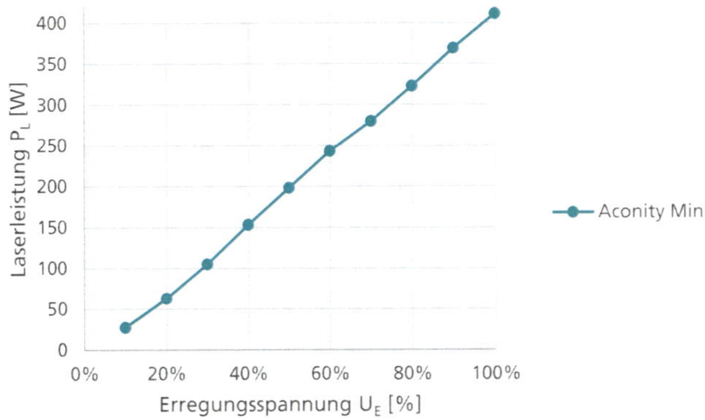

Die Laserleistung in der Aconity Mini (27,5 W bis 411 W) umfasst den vollen Bereich der in der EOS M290 Anlage (40 W bis 370 W) zur Verfügung stehenden Laserleistung. Durch die freie Wahl der Erregungsspannung kann die Aconity Mini auf den gleichen Leistungswert wie die EOS M290 eingestellt werden. Da das identische Messgerät zwischen den Messungen und der EOS und der Aconity verwendet wird, kann die relativ gemessene Laserleistung identisch zwischen den Anlagen eingestellt werden. Darüber hinaus zählt der Bearbeitungsstrahldurchmesser zu den weiteren Einstellwerten, dazu werden die Laserstrahlkaustik und die Fokusebene auf der Aconity Mini vermessen.

Strahlkaustik

Im nächsten Schritt wird die Laserkaustik (vgl. Kapitel 4.3.2) der Aconity Mini vermessen und mit der der EOS M290 Anlage verglichen. In Bild 39 wird die Vermessung der Kaustik und der daraus resultierende minimale Fokusdurchmesser zwischen den beiden Anlagen gegenübergestellt.

Bild 39
Vergleich zwischen Aachener EOS M290 und Aconity Mini in der Kaustiken bei 285 W Laserleistung

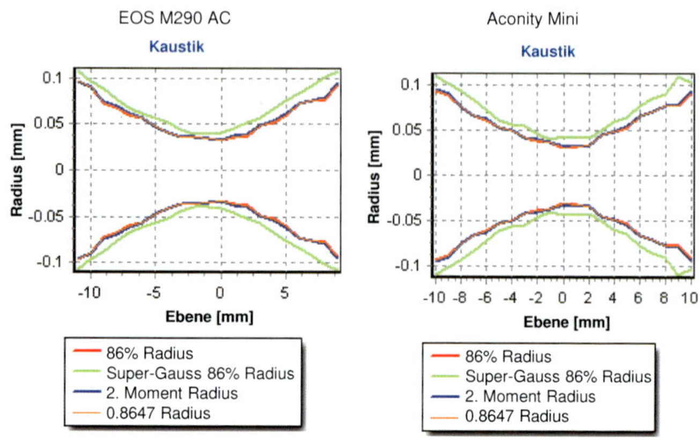

Aus der Kaustikvermessung wird wie zuvor in Kapitel 5.2.1 der Fokusstrahldurchmesser ermittelt. Die so ermittelten Werte des Fokusstrahldurchmessers sind in Bild 40 über die Laserleistung aufgetragen.

Bild 40
Vergleich zwischen Aachener EOS M290 und Aconity Mini des Fokusdurchmesser in Abhängigkeit der Laserleistung aus je 10 Einzelmessungen

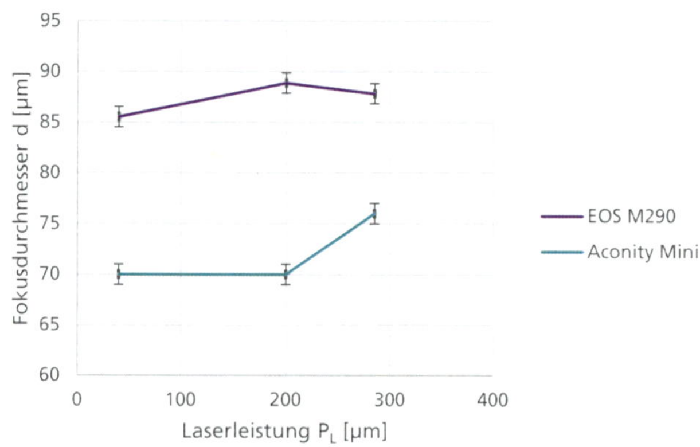

Die Aconity Mini besitzt im Arbeitspunkt (bei 285 W) einen Fokusstrahldurchmesser von 76 µm. Trotz der identischen Optik wird eine Abweichung von 12 % festgestellt. Wie bereits im Ringversuch wird wieder eine Abweichung der Fokusstrahldurchmesser ermittelt. Eine Systematik der auftretenden Abweichungen wird nicht erkannt. Um einen möglichen Einfluss dieser Abweichung auf den Bauprozess zu untersuchen, werden auf der Aconity Mini ebenfalls Einbrände erstellt.

Einbrände

Im Gegensatz zur EOS M290 kann die Fokuslage relativ zur Bearbeitungsebene auf der Aconity Mini im Prozess variiert werden. Dies geschieht über das Verfahren des optischen Systems senkrecht zur Baukammer. Dadurch wird der Abstand der Fokusebene zur Pulverbettoberfläche verändert und der Bearbeitungsstrahldurchmesser frei eingestellt. Zur Referenzierung dieser Achse in Bezug auf die Pulverbettoberfläche werden Einbrände in unterschiedlichen z-Achsenhöhen des optischen Systems erstellt. Die resultierende Schmelzspurbreite wird wie zuvor bei den EOS M290 Anlagen mittels des in Kapitel 4.3.3 beschrieben Auswertalgorithmus ermittelt. Ein z-Achsenwert von 20 mm (z=0) markierte den Beginn der Messung und der z-Achsenwert von -20 mm (z=41) das Ende. Die Fokusebene der Aconity Mini ist vom Herstellter bei -191 mm bestimmt worden. In Bild 47 wird die ermittelte Spurbreite der Einbrände auf eloxiertem Aluminium bei einer Laserleistung von 100 W relativ zu einer fiktiven 0-Ebene vermessen.

Bild 41
Ermittelte Spurbreite der Einbrände auf der Aconity Mini bei einer Laserleistung von 100 W relativ zu einer fiktiven Nullebene

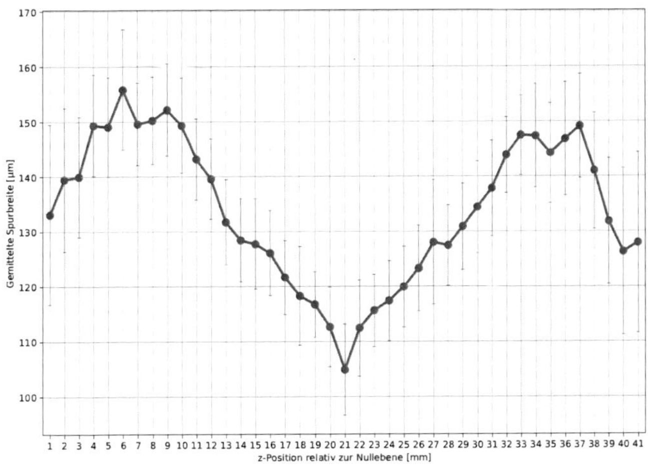

Die Verläufe der Kaustik- und der Fokuslagevermessung ergeben beide eine Ebene mit minimalem Strahldurchmesser bzw. minimaler Schmelzspurbreite. Die Vermessung der Fokusebene bestätigt den minimalen Durchmesser in einer z-Ebene von -191 mm (z=21) des Herstellers. Die Maximalwerte der Fokuslagenvermessung ergeben darüber hinaus einen einstellbaren Bearbeitungsstrahldurchmesser zwischen 76 µm bis etwa 220 µm durch ein Verfahren der z-Achsen des optischen Systems.

Die Laserleistung, Schutzgasströmung in der Aconity Mini sind auf die Werte der EOS M290 einstellbar. Ein Unterschied zwischen den Anlagen besteht im Bearbeitungswerkzeug durch die unterschiedlichen Fokusstrahldurchmesser der Anlagen.

6.1.2 Bearbeitungsergebnis Aconity Mini mit 420 mm f-theta-Optik

Die Anlagencharakterisierung in Kapitel 6.1.1 ergibt, dass die EOS M290 und die Aconity Mini in dem in dieser Arbeit betrachteten Rahmen nur beim Bearbeitungswerkzeug im Fokusstrahldurchmesser unterscheiden. Zur Umrechnung der Abweichungen im Bearbeitungsstrahldurchmesser wird die normierte Enthalpie verwendet (vgl. Kapitel 2.2.4)

Die Variation der normierten Enthalpie von $\Delta H/(k * h_s) = 300$ bis $\Delta H/(k * h_s) = 390$ erfolgt wieder über Scangeschwindigkeit und Laserleistung, dabei geht der abweichende Bearbeitungsstrahldurchmesser in die Berechnung mit ein. In Bild 42 sind die resultierenden Bearbeitungsergebnisse zwischen EOS M290 und Aconity Mini gezeigt.

Bild 42
Visualisierung der Bearbeitungsergebnisse der dünnwandigen Struktur zwischen EOS M290 und Aconity Mini

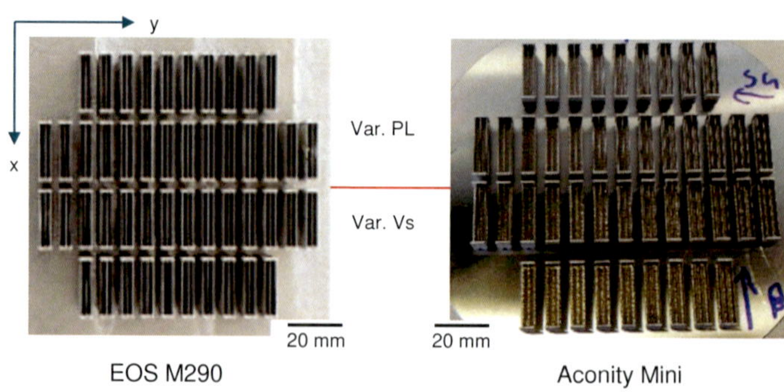

Die dünnwandigen Strukturen sind im vorgegebenen normierten Enthalpiebereich auf der Aconity Mini optisch pdpfrei aufbaubar. In Bild 43 sind die metallografischen Schliff zur Beurteilung der Dichte der dünnwandigen Strukturen bei Variation der normierten Enthalpie dargestellt.

Bild 43 Metallografischer Schliff zur Beurteilung der Dichte der dünnwandigen Strukturen bei Variation der normierten Enthalpie

Alle Proben der Parameterstudie erfüllen das Dichtekriterium. In Bild 44 ist der angeätzte Querschliff (vgl. Kapitel 4.3.4) zur Visualisierung der Umschmelzgeometrie der dünnwandigen Strukturen im Vergleich EOS M290 und Aconity Mini mit den Prozessparametern der normierten Enthalpie von $\Delta H/(k * h_s) =$ 390 bei Variation der Laserleistung dargestellt.

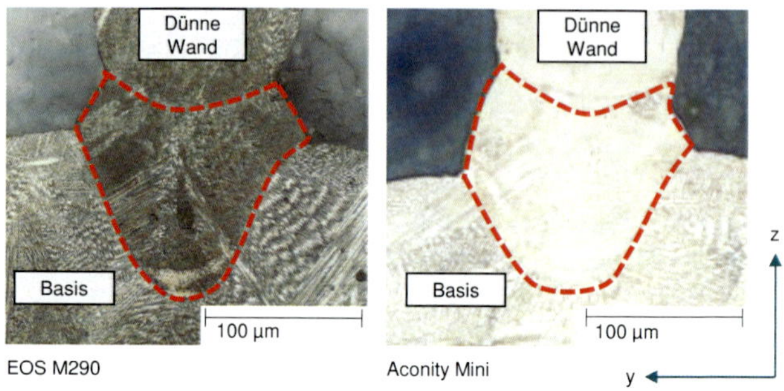

Bild 44 Querschliff und Visualisierung der Umschmelzgeometrie der dünnwandigen Strukturen zwischen EOS M290 und Aconity Mini bei gleicher normierter Enthalpie von 390*k.

Die Umschmelzgeometrie der EOS M290 und der Aconity Mini sind qualitativ ähnlich. Zur besseren Visualisierung wurde die rote gestrichelte Line entlang der durch die Ätzung visualisierten Schmelzspurgrenzen eingezeichnet. Wie in Kapitel 5.3.2 beschrieben, ist die erste Schmelzspur nach der Basis die wichtigste Schmelzspur für den erfolgreichen Aufbau von dünnwandigen Strukturen, daher wird das Breiten- zu Tiefenverhältnis gemäß Kapitel 4.3.4 an dieser ersten Schmelzspur bestimmt. In Bild 45 ist die Vermessung der korrespondierenden Umschmelzgeometrie bei $\Delta H/(k * h_s) = 390$ eingezeichnet.

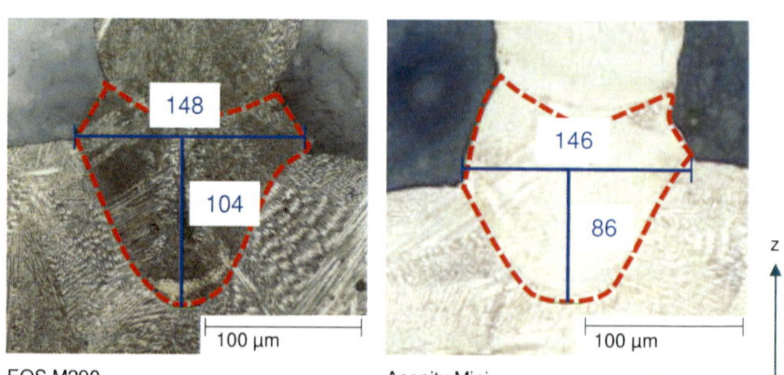

Bild 45 Vermessung der Umschmelzgeometrie am Querschliff zur Ermittlung des Tiefen- zu Breitenverhältnisses der ersten Spur der dünnwandigen Struktur

Für die mittlere Spur wird ein Breiten- zu Tiefenverhältnis von 1,42 für die EOS M290 und eines von 1,70 für die Aconity Mini berechnet. Dieses Breiten- zu Tiefenverhältnis kann dem Übergangsregime (vgl. Kapitel 2.2.2) zugeordnet werden. In Bild 46 ist die Umschmelzgeometrie bei $\Delta H/(k * h_s) = 300$ abgebildet.

Bild 46
Querschliff und Visualisierung der Umschmelzgeometrie der dünnwandigen Strukturen zwischen EOS M290 und Aconity Mini bei gleicher normierter Enthalpie von 300*k.

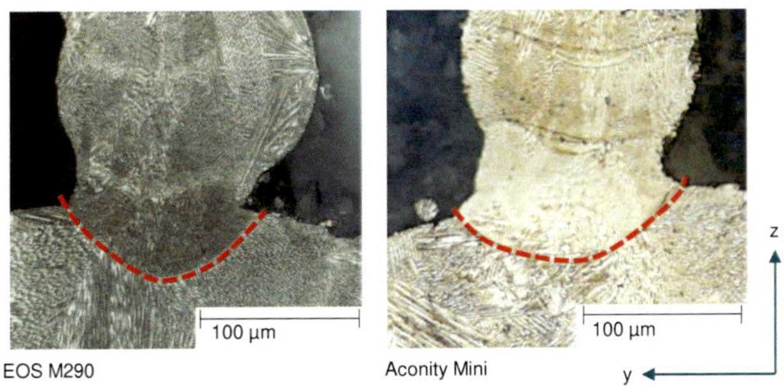

Diese Umschmelzgeometrie ist zwar im Vergleich zwischen EOS M290 und Aconity Mini ähnlich, jedoch unterscheiden sich die resultierenden Bearbeitungsergebnisse im Breiten- zu Tiefenverhältnis zu Bild 44. Mit einem Breiten- zu Tiefenverhältnis von 2,71 (EOS M290) und 3,42 (Aconity Mini) tendiert das Umschmelzregime eher Richtung Wärmeleitregime. Diese Ergebnisse stützen die Aussage, dass die Aufbaubarkeit und die Dichte aus Bewertungsgröße weniger aussagekräftig als das Breiten- zu Tiefenverhältnis ist. Daher wird bei den weiteren Untersuchungen zur Reproduzierbarkeit des Bearbeitungsergebnisses das Breiten- zu Tiefenverhältnis als Bewertungskriterium verwendet. Das Breiten- zu Tiefenverhältnis wird über die Leistungsänderung vermessen und in Tabelle 4 zwischen der EOS M290 und Aconity Mini verglichen.

Tabelle 4
Übersicht des Breiten- zu Tiefenverhältnisses der Umschmelzgeometrie aus Bild 43 inklusive Standardabweichung

ΔH/(k*hs)	EOS M290		Aconity Mini	
[-]	Ist	Abw.	Ist	Abw.
300	3,02	0,96	3,61	1,05
330	2,50	0,33	2,59	0,36
360	1,95	0,19	1,80	0,22
390	1,54	0,14	1,64	0,17

Die beobachteten Breiten- zu Tiefenverhältnisse sind zwischen EOS M290 und Aconity Mini reproduzierbar. Auffällig ist die Standardabweichung der drei dünnen Wände zueinander. Diese nimmt mit steigender Laserleistung (oder normierter Enthalpie) ab. In Bild 47 ist der Vergleich der Standard-abweichungen zwischen dem Breiten- zu Tiefenverhältnis über die Laserleistung für EOS M290 und Aconity Mini dargestellt.

Bild 47
Vergleich der Standard-abweichung des Breiten- zu Tiefenverhältnisses zwischen EOS M290 und Aconity Mini

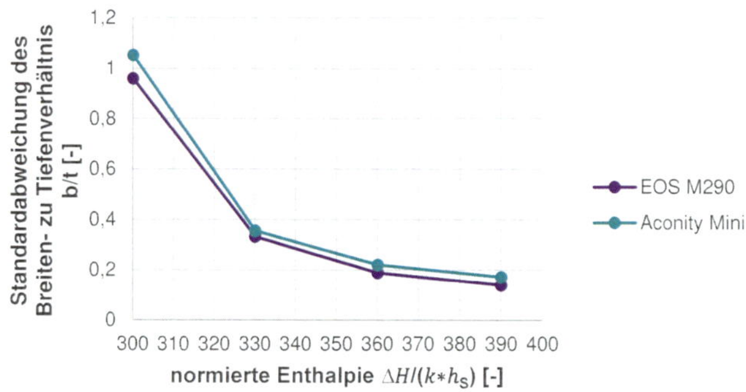

Die sinkende Standardabweichung bestärkt die Hypothese der steigenden Reproduzierbarkeit und weisen weiter darauf hin, dass mit zunehmender normierter Enthalpie die Reproduzierbarkeit und Robustheit des Prozesses steigt.

Die Hypothese „Das Bearbeitungsergebnis der EOS M290 ist auf die Aconity Mini übertragbar" ist durch die Aufbaubarkeit, Dichte und das Breiten- zu Tiefenverhältnis wird im Rahmen der in dieser Arbeit angelegten Rahmenbedingungen bestätigt. Der Prozess der EOS M290 ist mithilfe der Beziehungen aus der normierten Enthalpie in diesem Rahmen übertragbar und das Bearbeitungsergebnis der EOS M290 ist auch auf der Aconity Mini in selben Rahmen reproduzierbar.

Nachdem im Kapitel 5.2 die die normierte Enthalpie und Intensität bereits erfolgsversprechend zur Umrechnung größer werdender Bearbeitungsstrahldurchmesser eingesetzt wurden, wird mit den Ergebnissen der erfolgreiche Einsatz der normierten Enthalpie und Intensität bei kleiner werdenden Strahldurchmessern (- 12 %) bestätigt. Dies ist nur möglich, da die dünnwandigen Strukturen mit kleinerer Robustheit im Vergleich zum Vollmaterial verwendet wurden. Im nächsten Schritt wird geklärt, wie weit normierte Enthalpie und Intensität ihre Gültigkeit behalten, wenn der Bearbeitungsstrahldurchmesser weiter verkleinert wird.

6.2 Anlagenübertragung auf „unterschiedliche" Anlage

Die Strahldurchmesser kommerzieller LPBF-Anlagen werden zwischen 40-110 µm angegeben (Kap. 2.3.1), daher wird nach dem ersten erfolgreichen Anlagenübertrag die Reaktion des Bearbeitungsergebnisses bei einer Halbierung des Strahldurchmessers untersucht. Dazu wird der Laserfokusstrahldurchmesser durch einen Austausch der Optik (vgl. Kapitel 5.2.1) auf etwa die Hälfte (von 76 ± 2 µm auf 34 ± 1 µm) reduziert. Damit werden die Extremwerte der industriell verwendeten Strahldurchmesser untersucht.

6.2.1 Anlagencharakterisierung Aconity Mini mit 192 mm f-theta-Optik

Mithilfe einer 192 mm f-theta-Optik wird der Laserfokusstrahldurchmesser von 72 ± 2 µm auf 34 ± 1 µm verändert. Mit Ausnahme der Anpassung des optischen Systems bleibt die Aconity Mini unverändert. Dadurch entfällt nachfolgend die erneute Beschreibung der Charakterisierung des Volumenstroms und der Laserleistung. Diese Parameter werden auf den ermittelten Werten aus Kapitel 6.1.1 in den weiteren Untersuchungen festgehalten. Strahlkaustik und Einbrände werden wie zuvor in Kapitel 5.2.1und Kapitel 6.1.1 mit denselben Messgeräten (vgl. Kapitel 4.3) vermessen und sind nachfolgend beschrieben.

Strahlkaustik

Die bei 100 W vermessene Laserstrahlkaustik ist in Bild 48 als Vergleich zwischen den beiden Aconity Optiken dargestellt.

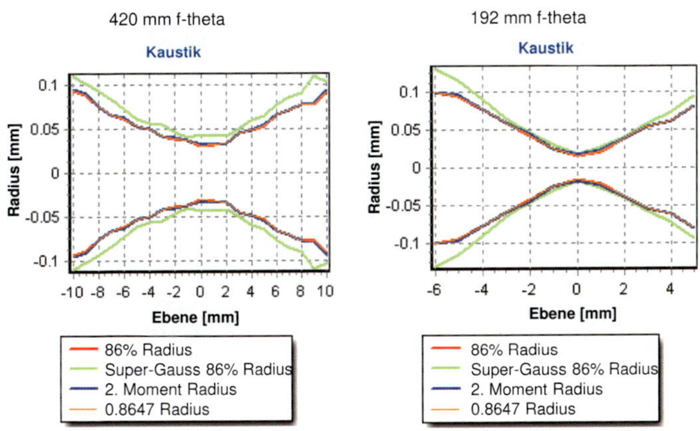

$D_{fokus} = 72 \pm 2$ µm

$D_{fokus} = 34 \pm 1$ µm

Bild 48
Vergleich der Kaustik- Vermessung zwischen den f-theta-Optiken der Aconity Mini bei einer Laserleistung von 100 W

Aus der Kaustik-Messung wird der Strahldurchmesser von 34 ± 1 µm für die 192 mm f-theta-Optik ermittelt. Die Standardabweichung wird dabei aus den 10 Einzelmessungen pro Messebene errechnet. Damit ist der Fokusstrahldurchmesser um 53 % kleiner als der vorher verwendete Laserstrahldurchmesser von 76 ± 2 µm der 420 mm f-theta-Optik. Im Vergleich zur EOS M290 handelt es sich um eine Verkleinerung des Laserstrahldurchmessers auf 40 % des EOS M290 Ausgangswertes. Aus der Veränderung der f-theta-Optik folgt eine neue Rayleighlänge der Laserstrahlkaustik. Diese wird bei ungefähr 1,5 mm ermittelt. Im Vergleich zu der Rayleighlänge der verwendeten f-theta-Optiken in Kapitel 5 und Kapitel 6.1 von rund 4 mm entspricht dies einer Verkleinerung um den Faktor 2,67. Für die weitere Untersuchung bedeutet das eine um den Faktor 2,67 größere Reaktion bei Veränderung der z-Achse des optischen Systems. Damit muss der genauen Bestimmung der Fokusebene ein noch höherer Stellenwert beigemessen werden.

Einbrände

Die Einbrände dienen wieder der Ermittlung der Fokuslage in Relation zum Pulverbett (vgl. Kapitel 4.3.3). Im Bild 49 ist die Auswertung der Spurbreite des Auswertungsalgorithmus von Einbränden bei einer z-Achsenbewegung von 1 mm und einer Laserleistung von 100 W dargestellt.

Bild 49
Ermittelte Spurbreite der Einbrände auf der Aconity Mini bei einer Laserleistung von 100 W relativ zu einer fiktiven Nullebene. Z-Achsenauflösung von 1 mm

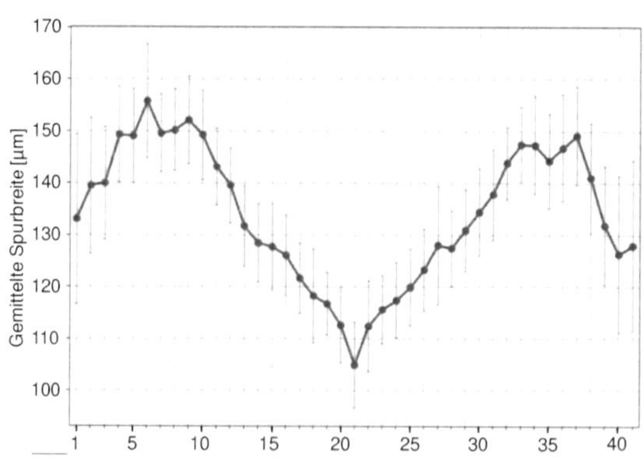

Die Auswertung ermöglicht eine Eingrenzung der Fokuslage bei 21 mm. Die zuvor beschriebene notwendige größere Genauigkeit der Fokusebenenbestimmung führt dazu, dass der Einbrandversuch nach grober Bestimmung mit einer 0,2 mm-z-Achsen-Auflösung um die Werte 21±1,5 mm weitergeführt wird. In Bild 50 ist die Auswertung der Fokuslage z-Achsenauflösung von 0,2 mm dargestellt.

Bild 50
Ermittelte Spurbreite der Einbrände auf der Aconity Mini bei einer Laserleistung von 100 W relativ zu einer fiktiven Nullebene. Z-Achsenauflösung von 0,2 mm

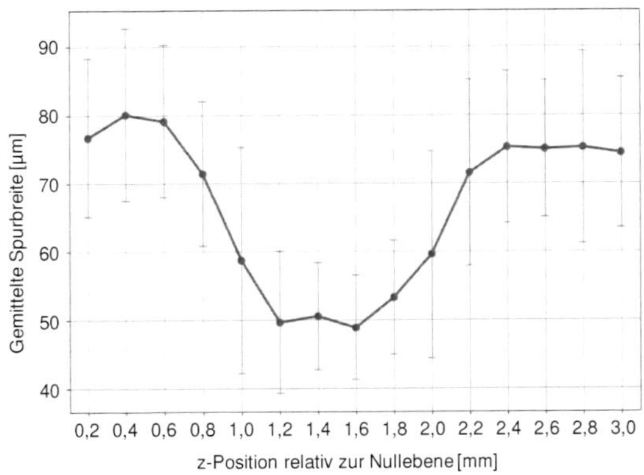

Der Fokus wird bei 1,4 mm ermittelt. Dies entspricht einem Absolutwert von -288,9 mm der z-Achsen Position. Die Anlagencharakterisierung ergibt eine Veränderung des Bearbeitungsstrahldurchmessers auf 34 µm und eine verkleinerte Rayleighlänge von rund 1,5 mm. Alle anderen Anlagenparameter (Volumenstrom, Laserleistung) sind gleichgeblieben und werden für die weiteren Untersuchengen konstant gehalten.

6.2.2 Übertrag mittels Prozesskenngrößen

Die normierte Enthalpie und die Intensität wurden in Kapitel 6.1 als mögliche Prozesskenngrößen für einen erfolgreichen Übertrag zwischen zwei ähnlichen Anlagen verifiziert. Daher wird im ersten Schritt die normierte Enthalpie und Intensität verwendet, um die notwendige Laserleistungsanpassung für den verkleinerten Bearbeitungsstrahldurchmesser zu errechnen. In Tabelle 5 sind die berechneten Werte für die Laserleistung bei der Veränderung des Bearbeitungsstrahldurchmessers von 76 µm und 34 µm dargestellt.

Tabelle 5
Übersicht Laserleistungen nach der Umrech-nung mit normierter Enthalpie (rechts) und Intensität (links) des Bearbeitungsstrahldurchmessers von 76 auf 34 µm

I [W/cm²]	$P_L(76)$ [W]	$P_L(34)$ [W]	$\frac{\Delta H}{k*h_s}$ [-]	$P_L(76)$ [W]	$P_L(34)$ [W]
$2{,}5\text{x}10^6$	135	27	300	135	40
...			...		
$3{,}3\text{x}10^6$	185	37	390	185	56

Die Umrechnung ergibt sehr kleine Laserleistungen, zur Validierung der Umrechnung werden die dünnwandigen Strukturen mit den errechneten Werten für die Laserleistung aufgebaut. In Bild 51 ist der Vergleich der Bearbeitungsergebnisse von dünnwandigen Strukturen bei links 76 µm und bei rechts 34 µm Bearbeitungsstrahldurchmesser dargestellt.

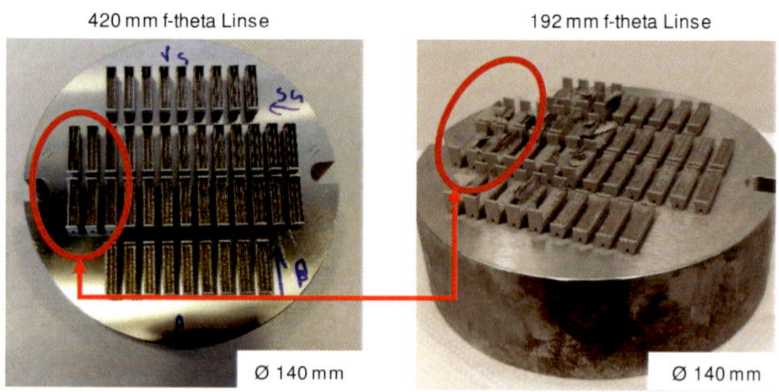

Bild 51
Vergleich der Ausbaubarkeit der dünnwandigen Strukturen bei links 76 µm und bei rechts 34 µm Bearbeitungsstrahldurchmesser. Parametervariation gemäß Kapitel 5.3.2 mit umgerechneten Leistungswerten aus Tabelle 6

Das Kriterium der Aufbaubarkeit von dünnwandigen Strukturen wird bei Parameterumrechnung der Laserleistung weder mittels normierter Enthalpie noch Intensität erfüllt. Damit sind die normierte Enthalpie und die Intensität zur Umrechnung des Bearbeitungsstrahldurchmessers auf die Hälfte im Rahmen dieser Arbeit nicht geeignet (vgl. auch [113]). Eine Untersuchung des Umschmelzregimes an den dünnwandigen Strukturen ist nicht möglich, jedoch an der Basis. In Einklang mit den Erkenntnissen aus Kapitel 5.2 wird zunächst auf eine robustere Probengeometrie zurückgegriffen. Dadurch wird ein Prozessparameterfenster für den generellen Aufbau von Probengeometrien mit einem Strahldurchmesser von 34 µm aufgespannt. Dazu wird im nächsten Schritt die Umschmelzgeometrie von Volumenmaterial untersucht.

6.2.3 Umschmelzregime Volumengeometrie

Für den erfolgreichen Anlagenübertrag müssen einige Kriterien erfüllt sein. Zum einen ist die Erfüllung der Aufbaubarkeit und des Dichtekriterium (> 99,95 %) zwingend notwendig (vgl. Kapitel 4). Zusätzlich muss das Übergangsregime mit einem Breiten- zu Tiefenverhältnis (b/t) der Umschmelzgeometrie zwischen 0,5 und 4 erreicht werden (vgl. Kapitel 2.2.2). Ziel ist, ein Prozessparameterfenster für die Bearbeitung mit einem 34 µm Strahldurchmesser zu identifizieren, das sowohl Aufbaubarkeit, Dichte als auch Umschmelzgeometrie des Übergangsregimes im Bearbeitungsergebnis des Volumenkörper erreicht.

Dazu wird eine Parameterstudie um die Parameter des Basisaufbaus durchgeführt. In dem Parameter der Basis wurde ein Hatchabstand von 60 µm verwendet und wird für die Parameterstudie übernommen. In der Parameterstudie werden einmal die Laserleistung und einmal die Scangeschwindigkeit variiert. Aufgebaut werden 10x10x10 mm Würfelproben, bei denen die letzte Schmelzspur orthogonal zur Schutzgasströmungsrichtung steht. Anschließend wird an metallografischen Schliffen die Dichte ausgewertet (vgl. Kapitel 4.3.4). Da der Bearbeitungsstrahldurchmesser in den Versuchen gleich bleibt und über Laserleistung und Scangeschwindigkeit variiert wird, wird die Volumenenergie für die Ergebnisdarstellung verwendet. Eine Darstellung über normierte Enthalpie oder Streckenenergie ist ebenfalls möglich.

In Bild 52 ist die relative Bauteildichte in Abhängigkeit der Volumenenergie an den Würfelproben dargestellt.

Bild 52
Relative Bauteildichte in Abhängigkeit der Volumenenergie bei Variation von Laserleistung und Scangeschwindig-keit bei einem Bearbeitungsstrahldurchmesser von 34 µm an einer 10 x 10 x 10 mm Würfelgeometrie

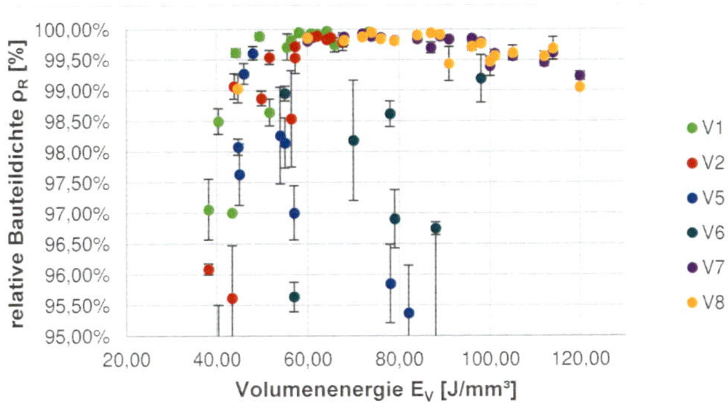

Die Versuche 1, 2, 7 und 8 beinhalten jeweils die Variation der Laserleistung bei einer festen Scangeschwindigkeit von 960 mm/s, die Versuche 3 bis 6 die Variation der Scangeschwindigkeit bei konstanten 103 W Laserleistung (Startwert resultiert aus den Parametern der Basis). In den Versuchen 3 und 4 wird keine Dichten größer 95 % erreicht, wodurch diese nicht in die Auswertung mit einfließen. Die genaue Aufschlüsselung der Parameter befindet sich im Anhang auf Seite I.

Eine Dichte von über 99,5 % wird durch die Parameter der Laserleistungsvariation in den Versuchen 1, 2, 7 und 8 erreicht. Damit führt eine Volumenenergie größer 60 J/mm³ zum Erreichen einer Dichte von mehr als 99,95 %. Für die Umschmelzgeometrie dieser Versuche wird das b/t-Verhältnis bestimmt und mit dem der EOS M290 Referenzprobe verglichen. Die Vermessung des b/t-Verhältnisses ist gemäß Kapitel 4.3.4 in Bild 53 dargestellt.

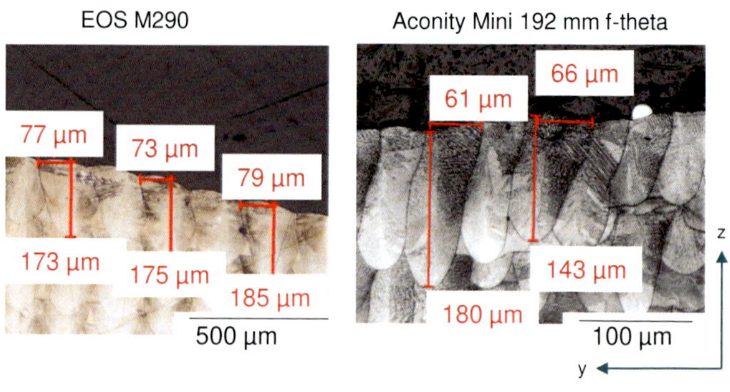

Bild 53
b/t Vermessung der EOS M290 Referenzprobe und einer mit der 192 mm f-theta Optik hergestellten Probe der Aconity Mini

Die Ergebnisse der Vermessung werden über die Volumenenergie dargestellt. In Bild 54 ist der Vergleich des Breiten- zu Tiefenverhältnisses der Parameterstudie zur Entwicklung eines Parameterfensters für IN 718 im Vollmaterial einer 10x10x10 mm Würfelstruktur unter Verwendung eines Bearbeitungsstrahldurchmessers von 34 µm im Vergleich zur Referenz auf der EOS M290 mit 84 µm Strahldurchmesser dargestellt.

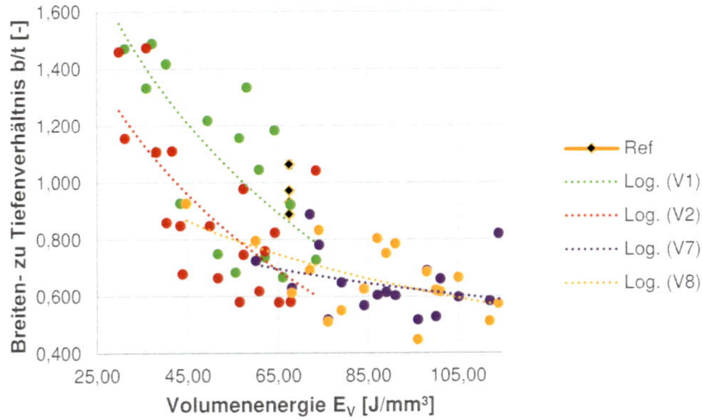

Bild 54
Vergleich des Breiten- zu Tiefenverhältnisses in der Parameterstudie der Würfelgeometrie bei einem Bearbeitungsstrahldurchmesser von 34 µm zur Referenz bei 84µm Bearbeitungsstrahldurchmesser

Die Ergebnisse aus Bild 54 ergeben eine Variation des Breiten- zu Tiefenverhältnisses von 1,6 bis 0,4 bei gleichzeitiger Bauteildichte größer 99,95 %. Das Breiten- zu Tiefenverhältnis der Referenzprobe des Bearbeitungsstrahldurchmessers von 84 µm auf der EOS M290 (vgl. Kapitel 4.3.4) wird zwischen 1,1 und 0,9 ermittelt. Ziel der Parameterstudie ist, das gleiche mittlere Breiten- zu Tiefenverhältnis der Referenzprobe bei dem Bearbeitungsstrahldurchmesser von 34 µm zu identifizieren. Diese Anforderung wird durch die Parameter der Versuchsreihen 1 und 2 erfüllt. Über die Volumenenergie und die Versuchsreihe werden die möglichen Parameter identifiziert. Diese werden mit der Dichteuntersuchung korreliert. Daraus ergibt sich ein Prozessparameterfenster für ein vergleichbares Breiten- zu Tiefenverhältnis zwischen EOS M290 (84 µm Bearbeitungsstrahldurchmesser) und Aconity Mini mit 192 mm f-theta-Optik (34 µm Bearbeitungsstrahldurchmesser) von 58 J/mm³ bis 68 J/mm³.

Dabei ist auffällig, dass die Volumenenergie trotz des Unterschieds im Bearbeitungsstrahldurchmesser sehr nah an der Volumenenergie von 67,4 J/mm³, die in der EOS M290 bei 84 µm Strahldurchmesser verwendet wird, ist. Mit dieser Erkenntnis wird der Aufbau der dünnwandigen Strukturen erneut versucht. Dabei dienen die ermittelten Parameter aus dem Volumenversuch als Ausgangslage.

6.2.4 Übertrag mittels Würfelgeometrieanalogie

Nach erfolgreicher Ermittlung des Prozessparameterfensters für den Aufbau von Würfelproben mit einem Bearbeitungsstrahldurchmesser von 34 µm werden die Parameter für dünnwandige Strukturen benötigt. Dazu werden die Versuche aus Kapitel 5 herangezogen und in Tabelle 6 das Verhältnis zwischen Würfel und Wandparameter des 84 µm des Bearbeitungsstrahldurchmessers errechnet und auf den 34 µm Bearbeitungsstrahldurchmesser übertragen.

Tabelle 6
Umrechnung der Laserleistung zur Herstellung dünnwandiger Strukturen

Art	$P_L(84)$ [W]	$P_L(34)$ [W]	Faktor
Würfel	285	169	100 %
Wand	194	115	68 %

Mittels dieser vergleichenden Betrachtung wird zu jedem Würfelgeometrieparameter, der in Kapitel 6.2.3 identifiziert wurde, eine Laserleistung für die dünnwandigen Strukturen ausgerechnet. Die Parametervariation für die dünnwandigen Strukturen liegt zwischen 113 W und 137 W Laserleistung. Die Schichtdicke beträgt weiterhin 40 µm, die Scangeschwindigkeit wird auf 960 mm/s fixiert (vgl. Kapitel 6.2.3). Weiter wird die bebaute Fläche der Bauplattform auf 70 mm reduziert (vgl. Kapitel 4.1.3). Die detaillierte Zuordnung der Variation zu den Proben befindet sich im Anhang auf Seite J. Das Bearbeitungsergebnis ist in Bild 55 dargestellt.

Bild 55
Darstellung des Bearbeitungsergebnisses der dünnwandigen Strukturen bei 34 µm Bearbeitungsstrahldurchmesser nach Ähnlichkeitsumrechung der Laserleistung

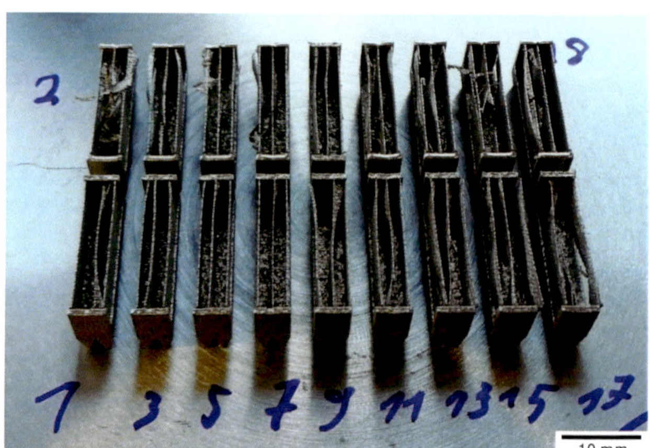

10 mm

Die Aufbaubarkeit der Proben ist generell gegeben, bei der Betrachtung der Proben fällt auf, dass das Dichtekriterium wahrscheinlich nicht von allen Probekörpern erfüllt ist. Für die visuell vielversprechenden Proben 5 und 7 wird die Umschmelzgeometrie am Übergang zwischen LPBF Basis und erster Schicht im metallografischen Querschliff ausgewertet (Bild 52).

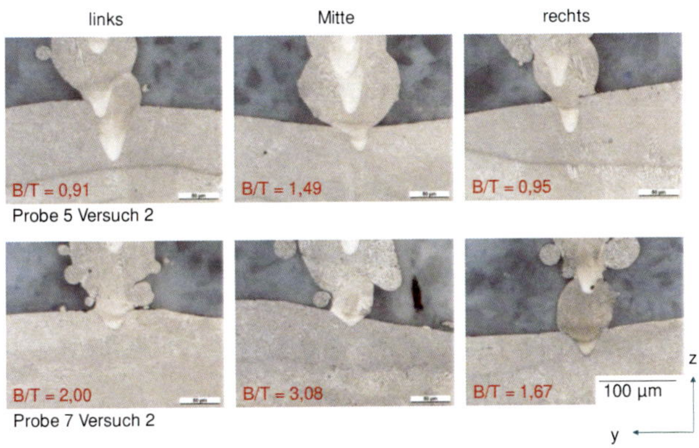

Bild 56
Geätzter Querschliff der Anbindung der ersten Spur der dünnwandigen Struktur an die Basis bei einer Scangeschwindigkeit von 960 mm/s und einer Laserleistung von 134 W bei Probe 5 und von 137 W bei Probe 7

Bei der Untersuchung der Umschmelzgeometrie wird bei beiden Proben zwar ein Umschmelzregime und damit eine Anbindung festgestellt, dennoch ist die Anbindung im Vergleich zu Probekörpern aus Kapitel 5.3 und Kapitel 6.1 weniger stark ausgeprägt. Darüber hinaus ist die Standardabweichung der drei dünnwandigen Strukturen noch nicht in dem in Kapitel 6.1.2 ermittelten Bereich. Daher wird im nächsten Versuch die Laserleistung weiter erhöht, um eine größere Einschweißtiefe zu erreichen (vgl. Kapitel 2.2.2). In Versuch drei wird daher die Laserleistung von 135 W bis 144 W und im Versuch vier bis 152 W variiert. Die detaillierte Zuordnung der Variation zu den Proben ist im Anhang auf Seite J dokumentiert. Die resultierenden Anbindungen an der Basis sind in Bild 57 dargestellt.

Bild 57
Vergleich der Anbindung der ersten Spur der dünnwandigen Strukturen an die Basis mit zunehmender Laserleistung

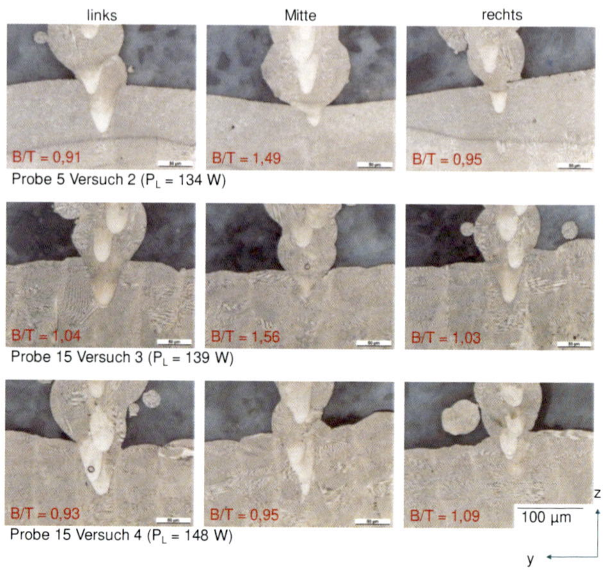

Bei Vergrößerung der Laserleistung nimmt die Anbindungstiefe zu und das Breiten- zu Tiefenverhältnis wird stabiler. Aus diesen Versuchen resultiert ein Parameterfenster für den Aufbau dünnwandiger Strukturen mit einer festen Anbindung an die Basis von 134 W bis 148 W Laserleistung. Ab einer Laserleistung von mehr als 148 W sind erste Gasporen zu erkennen.

Das vermessene Breiten- zu Tiefenverhältnis wird über den Anteil der Laserleistung der dünnwandigen Strukturen in Bezug auf die Würfelgeometrie in Bild 58 aufgetragen und mit den ermittelten Breiten- zu Tiefenverhältnissen aus Kapitel 6.1.2 verglichen

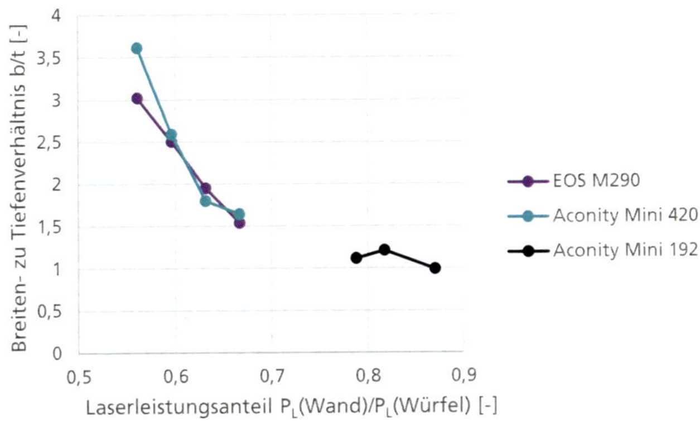

Bild 58
Vergleich des b/t-Verhältnisses der EOS M290 und der Aconity Mini mit 420 mm f-theta-Optik und 192 mm f-theta-Optik über anteilige Laserleistung von dünnwandiger Struktur- zu Würfelgeometrie

Das erreichbare Breiten- zu Tiefenverhältnis unter Verwendung des 34µm Bearbeitungsstrahldurchmessers auf der Aconity Mini liegt um die eins und damit im Bereich des Übergangsregimes. Im Vergleich zur den Bearbeitungsstrahldurchmessern von 84 µm und 76 µm ist die für den Bearbeitungsstrahldurchmesser von 34 µm anteilig benötigte Leistung höher.

Für die Forschungshypothese: „Bei einer Halbierung des Bearbeitungsstrahldurchmessers wird das gleiche Bearbeitungsergebnis erreicht“ bedeutet das, dass die Hypothese nicht verifiziert werden kann. Wird das Bearbeitungsergebnis anhand der Aufbaubarkeit und der Dichte verifiziert, kann mit einer Halbierung des Bearbeitungsstrahldurchmessers ein vergleichbares Bearbeitungsergebnis erreicht werden. Gleiches gilt, wenn das Umschmelzregime als Bewertungsgröße verwendet wird. Hingegen ist für das in diesen Untersuchungen betrachtete Breiten- zu Tiefenverhältnis keine Reproduzierbarkeit gegeben.

6.3 Sensitivität des Bearbeitungsstrahldurchmessers

Nach der Untersuchung der Übertragbarkeit von Bearbeitungsergebnissen auf unterschiedliche Bearbeitungsstrahldurchmesser mittels Parameteranpassung wird nun der Bearbeitungsstrahldurchmesser variiert, während die Prozessparameter festgehalten werden (vgl. Kapitel 6.2).

Forschungshypothese: Durch die Defokussierung des Bearbeitungswerkzeuges kann das Bearbeitungsergebnis eines doppelt so großen Bearbeitungsstrahldurchmessers erreicht werden. Validiert wird diese These an den Bearbeitungsergebnissen des Aufbaus der dünnwandigen Strukturen mittels defokussierter 192mm f-theta-Optik durch die Aufbaubarkeit, das Breiten- zu Tiefenverhältnis und Schweißregimebestimmung.

Die Untersuchungen erfolgen mit der 192 mm f-theta-Optik. Dabei wird mittels der variablen z-Achse der Anlage die Fokuslage so variiert, dass unterschiedliche Bearbeitungsstrahldurchmesser eingestellt werden. Die Defokussierung erfolgt in zwei Richtungen, als Verschiebung des Fokus unterhalb der Bearbeitungsebenen (Fokusebene im Pulverbett) und einmal als Verschiebung der Fokusebene über die Bearbeitungsebene (Fokusebene über dem Pulverbett). Eine detaillierte Auflistung der Prozessparameter ist im Anhang auf Seite J dargestellt. Zunächst wird die Aufbaubarkeit ermittelt, dazu wird die z-Achse um ± 8 mm verfahren und damit eine Variation des Bearbeitungsstrahldurchmessers auf bis 250 µm untersucht. In einem zweiten Versuch wird die Fokuslage um bis zu ± 4,5 mm variiert. Das Ergebnis der beiden Versuche ist in Bild 59 dargestellt.

Bild 59
Vergleich Fokusdurchmesservariation über z-Achsenposition um ± 8 mm und ± 4,5 mm

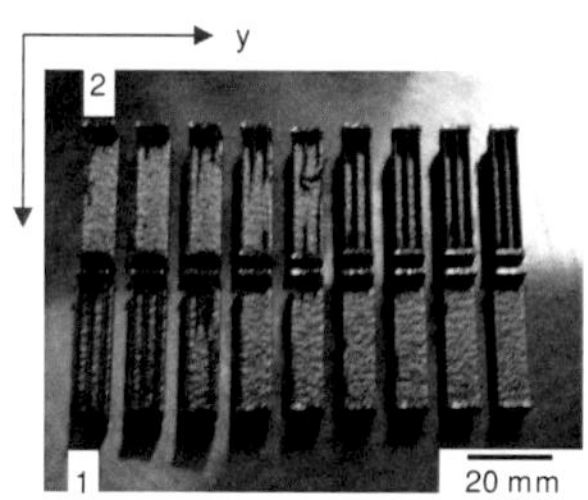

Z-Achsen-Variation ± 8 mm

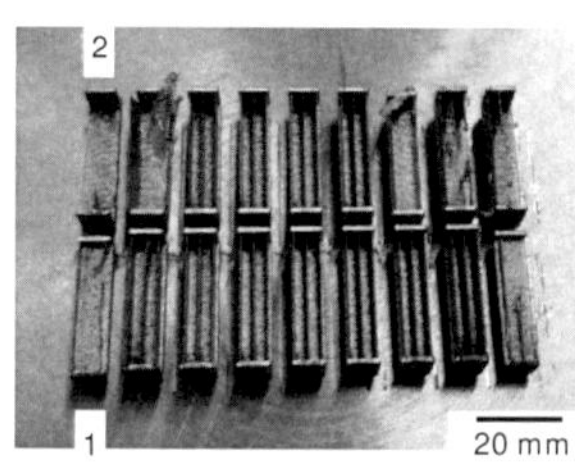

Z-Achsen-Variation ± 4,5 mm

Bei der Variation um ± 4,5 mm wird das Ausbaubarkeitskriterium nicht vollständig erfüllt. Die Werte des Bearbeitungsstrahldurchmesser werden aus der Kaustikvermessung errechnet (vgl. Kapitel 6.2.1) und sind in Tabelle 7 aufgelisteten.

Tabelle 7
Übersicht Strahldurchmesser zu z-Achsenposition aus der Kausitkvermessung

Z-Achsen Position	-5	-4	-3	-2	-1	0	1	2	3	4
Ermittelter Bearbeitungsstrahldurchmesser [µm]	168	132	114	80	50	34	44	82	116	150

Bei den beiden Versuchen wird festgestellt, dass im Bereich von + 3 mm bis - 2 mm z-Achsen-Wert die dünnwandigen Strukturen aufbaubar sind. Daraus resultiert generell, dass bei Defokussierung eines Fokusstrahldurchmessers von 34 µm dünnwandige Strukturen aufgebaut werden können. Dabei ist die Richtung der Defokussierung für die Aufbaubarkeit der dünnwandigen Strukturen entscheidend. Wird die Fokusebene in das Pulverbett hinein verfahren, ist generell die Aufbaubarkeit der dünnwandigen Strukturen mit einem Bearbeitungsstrahldurchmesser von bis zu 80 µm (-2 mm z-Achsenposition) gegeben. Wird die Fokusebene über das Pulverbett gelegt, ist eine Aufbaubarkeit von dünnwandigen Strukturen bis zu einem Bearbeitungsstrahldurchmesser von 120 µm (+3 mm z-Achsenposition) möglich. Beide Ergebnisse beziehen sich auf die auf der Aconity Mini verwendete 192 mm f-theta-Optik. Dieses Phänomen der Fokussierung wurde in einem anderen Zusammenhang von Kern [114] und McLouth et al. [109] ebenfalls beobachtet. Beide haben in ihren Untersuchungen festgestellt, dass eine Verschiebung der Fokusebene aus dem Pulverbett heraus ein stabileres Schmelzbad erzeugt.

Aus den Ergebnissen ist zu schließen, dass eine Verschiebung des Fokus oberhalb des Schmelzbades stabiler als ein Verschieben des Fokus in das Schmelzbad ist. Mit den Erkenntnissen aus Versuchen 5 und 6 wird im Versuch 7 der Abstand zwischen den einzelnen z-Achsenschritten auf 0,25 mm verkleinert und ein Bereich von - 1,5 mm bis + 2,25 mm untersucht. Das Ergebnis dieses Versuches ist in Bild 60 dargestellt.

Bild 60
Ergebnis der Variation der z-Achsenposition von - 1,5 mm bis + 2,25 mm und Wiederholungsversuch

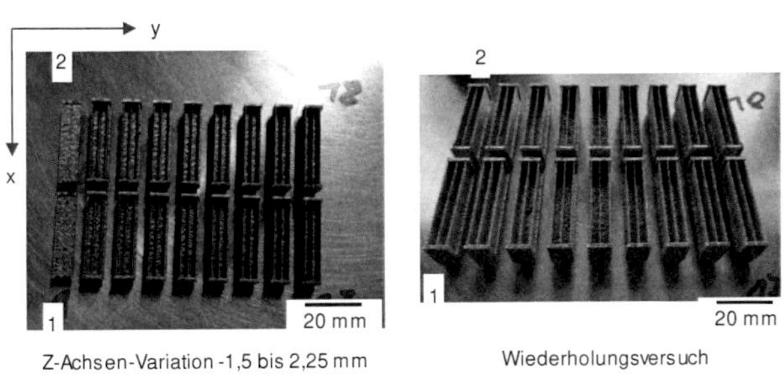

Beim ersten Versuch wurden zwei Strukturen der dünnwandigen Strukturen aufgrund eines Beschichterdefekts nicht aufgebaut. Im Wiederholungsversuch gelang dies.

Zur Validierung der Forschungshypothese mittels Dichte und resultierenden Umschmelzgeometrie der Versuche werden Querschliffe des Anbindungsbereiches zwischen Basis und dünnwandiger Struktur erstellt und das Breiten- zu Tiefenverhältnis vermessen. Die Ergebnisse sind in Bild 61 dargestellt.

Bild 61
Vergleich der Umschmelzgeometrie bei verschiedenen Fokuslagen / Bearbeitungsstrahldurchmessern unter Gleichhaltung aller Prozessparameter

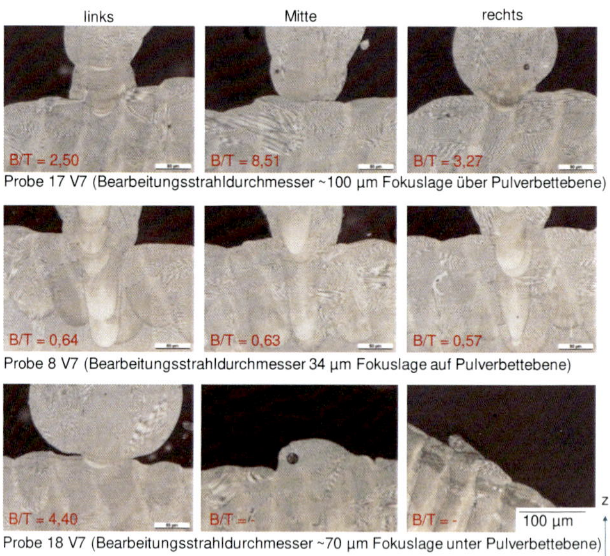

Bei der Auswertung der Umschmelzgeometrie des Versuches ist bei der Fokussierung unter der Pulverbettebene zu erkennen, dass bei zwei der drei Stege keine Anbindung in der Querschliffebene hergestellt ist. Damit ist das Dichtekriterium von > 99,95 % (vgl. Kapitel 4.3.4) nicht erfüllt. Bei dem Bearbeitungsstrahldurchmesser von 100 µm ist das Dichtekriterium erfüllt. Die Vermessung der Breiten- zu Tiefenverhältnisses ergibt eine hohe Streuung. Zwar erfüllen die Strukturen von Probe 17 V7 noch die Anbindungsbedingungen, aber mit der Zuordnung in das Wärmeleitregimes (vgl. Kapitel 2.2.2) ist der stabilen Bearbeitungsbereich verlassen (vgl. Kapitel 6.2). Bei den Proben mit Fokusebene auf Pulverbettebene wird mittels Breiten- zu

Tiefenverhältnis das Tiefschmelzregime festgestellt, sodass auch für diese dünnwandigen Strukturen mit einem 34 µm Bearbeitungsstrahldurchmesser das Validierungskriterium (vgl. Kapitel 4.4.2) nicht erfüllt ist.

Abschließend werden die Bearbeitungsergebnisse des 84 µm Bearbeitungsstrahldurchmessers mit dem auf 84 µm defokussierten 34 µm Fokusstrahldurchmesser verglichen. In Bild 62 werden diese drei Bearbeitungsergebnisse dargestellt.

Bild 62
Vergleich der Bearbeitungsergebnisse zwischen Referenz EOS M290, Parameterkompensierter und Bearbeitungsstrahldurchmesserkompensation auf der Aconity Mini

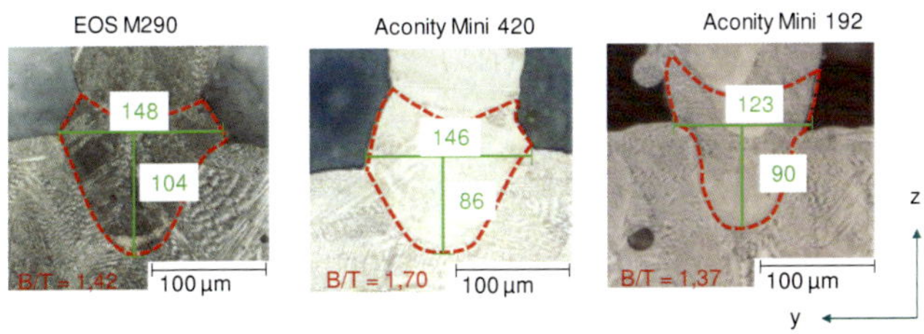

Die Bearbeitungsergebnisse unterscheiden sich zwar optisch, das Breiten- zu Tiefenverhältnis liegt zwischen den drei Umschmelzgeometrien zwischen 1,37 und 1,7 und ist damit dem Übergangsregime zuzuordnen. Damit ist die Forschungshypothese für diesen einen Fall erfüllt.

Für die Forschungshypothese „Kann durch die Defokussierung des Bearbeitungswerkzeuges das Bearbeitungsergebnis eines doppelt so großen Bearbeitungsstrahldurchmessers erreicht werden" bedeuten die Ergebnisse das. In dem speziellen Fall der Defokussierung des Fokusstrahldurchmessers von 34 µm oberhalb der Bearbeitungsebene auf einen Bearbeitungsstrahldurchmesser um 80 µm kann mit den Parametern des 84 µm Bearbeitungsstrahldurchmessers ein vergleichbares Umschmelzregime wie bei der EOS M290 erreicht werden. In allen anderen Fällen wurde das Kriterium nicht erfüllt.

6.4 Zwischenfazit Bearbeitungsstrahldurchmesser

Der Bearbeitungsstrahldurchmesser hat einen Einfluss auf das Bearbeitungsergebnis. Trotz Untersuchungen und Prozesskenngrößen zur Berechnung möglicher Kompensationsstrategien bei unterschiedlichen Bearbeitungsstrahldurchmessern wird eine Halbierung des Strahldurchmessers mit den aktuell bekannten Methoden nicht aufgefangen. Dennoch wird in dieser Arbeit nachgewiesen, dass die Aufbaubarkeit und sogar vergleichbare Breiten- zu Tiefenverhältnisse mit halbiertem Bearbeitungsstrahldurchmesser herstellbar sind. Daraus kann gefolgert werden, dass die Anlagenübertragbarkeit möglich ist. Eine Bedeutung der Erkenntnisse für die Anlagenübertragbarkeit allgemein und welcher weitere Forschungsbedarf identifiziert wird, ist im folgenden Kapitel erläutert.

7 Diskussion und Fazit

Im Rahmen der vorliegenden Untersuchungen wird ein Beitrag zur Frage

Welchen Einfluss hat der Laserstrahldurchmesser auf das Bearbeitungsergebnis und damit die Anlagenübertragbarkeit beim LPBF?

geleistet. Dabei wird die Reaktion des Bearbeitungsergebnisses bei der Variation des Bearbeitungsstrahldurchmessers von gut 30 µm bis hin zu knapp 100 µm untersucht. Vor jedem Versuch werden die Anlagen vermessen, um hinterher Korrelationen zwischen Anlageneinstellung und Bearbeitungsergebnis herstellen zu können.

7.1 Erkenntnisse aus den Untersuchungsergebnissen

Die Forschungsfrage wird mittels sechs Forschungshypothesen untersucht (vgl. Kapitel 3). Diese sind im Nachfolgenden einzeln diskutiert.

7.1.1 Validierung der Reproduzierbarkeit

Die Forschungshypothese: Eine LPBF Anlage mit gleichen Parametereinstellungen stellt in mehreren Bauaufträgen immer ein vergleichbares Bearbeitungsergebnis her (Reproduzierbarkeit). Validiert wird die Forschungshypothese anhand der Reproduzierbarkeit der Festigkeit im Zugversuch der hergestellten Probekörper (vgl. Kapitel 5.1).

Die Auswertung ergibt, dass bei gleichbleibender Schichtdicke unter Variation der drei Einstellparameter (Laserleistung, Scangeschwindigkeit, Spurabstand) erst bei einer Verringerung von – 30 % Volumenenergie eine Veränderung der Zugfestigkeit um mehr als 5 % festgestellt wurde. Ferner sind die Abweichungen des Standardparameters bei unter ± 1 % der Zugfestigkeit. Damit bestätigen die Untersuchungen von Risse [107] die von Yadroitsev et al. [24] festgestellte Reproduzierbarkeit auch für IN 718. Das Bearbeitungsergebnis von IN 718 ist auf ein und derselben EOS M290 unter den in dieser Arbeit angewandten Randbedingungen reproduzierbar.

Die erste Forschungshypothese beschreibt, dass die Reproduzierbarkeit bei mehreren hintereinander laufenden Bauaufträgen auf einer Anlage unter den verwendeten Randbedingungen gegeben ist. Dies ist die Ausgangsbasis aller weiteren Untersuchungen. Damit ist es möglich, Anlagenabweichungen, die über die Standardstreubreite hinaus gehen, festzustellen. Weiter bestärken die Ergebnisse, dass die ausgewählte EOS M290 unter bestimmten Umständen geeignet ist einen Ringversuch durchzuführen.

7.1.2 Ringversuch auf fünf EOS M290 Anlagen

Forschungshypothese: Bei fünf gleichen Anlagen sind die Bearbeitungsergebnisse beim Gleichhalten der Prozessparameter reproduzierbar (Ringversuch). Validiert wird die Hypothese am Bearbeitungsergebnis in Bezug auf eine Aufbaubarkeit, Dichte >99.95 %, Umschmelzgeometrie des Übergangsregimes, Form- und Maßhaltigkeitsabweichungen < ±0,2 mm (vgl. Kapitel 4).

Der Ringversuch ergibt, dass die Reproduzierbarkeit der Bearbeitungsergebnisse auf unterschiedlichen Anlagen des EOS M290 Typs nicht vollumfänglich gilt. Für Vollmaterial sind alle Kriterien (Aufbaubarkeit, Dichte >99.95 %, Umschmelzgeometrie des Übergangregimes, Form- und Maßhaltigkeitsabweichungen < ±0,2 mm) erfüllt und damit sind die vollmaterialen Bauteile reproduzierbar herstellbar. Für die dünnwandigen Strukturen, hier Wabenstrukturen, gilt dies nicht. Das grundlegende Kriterium der Aufbaubarkeit ist nicht erfüllt. In der einzig aufgebauten Struktur ist ferner das Kriterium der Dichte nicht erfüllt. Daher ist es notwendig, die dünnwandigen Strukturen noch einmal detaillierter zu betrachten.

Der Ringversuch ergab, dass Vollmaterialproben nicht geeignet sind, Abweichungen zwischen den Anlagen aufzudecken. Diese Proben sind zu robust, um auf eine kleine Veränderung des Bearbeitungsstrahldurchmessers oder der Laserleistung zu reagieren.

Das bedeutet zweierlei, zum einen bestärken die Ergebnisse, dass die EOS M290 bei Vollmaterialproben die in den Untersuchungen gesteckten Kriterien der Anlagenübertragbarkeit erfüllt. Dieser erklärt den Erfolg dieser Anlage in der industriellen Serienfertigung. Aber nicht immer stehen Anlagen des gleichen Typs zur Verfügung und Abweichungen des Bearbeitungsstrahldurchmessers fallen deutlich größer aus. Zum anderen sind die dünnwandigen Strukturen nicht übertragbar. Als Fazit aus diesen Untersuchungen wird mitgenommen, dass dünnwandige Strukturen deutlich sensitiver auf Abweichungen der Einflussgrößen reagieren als Vollmaterialproben.

7.1.3 Entwicklung sensitiver Probengeometrie

Forschungshypothese: Es existiert eine Struktur, die reproduzierbar hergestellt werden kann und sensitiv auf Änderungen der Prozessparameter reagiert. Validiert wird die Forschungshypothese an der sensitiven Probengeometrie, ihrer Aufbaubarkeit, einer Parameterstudie und metallografischen Dichteanalysen (vgl. Kapitel 4).

Die dünnwandige Struktur ist generell aufbaubar und erfüllt das Dichtekriterium von größer 99,95 %. Mithilfe der normierten Enthalpie und Intensität wird ein Prozessparameterfenster für den Aufbau der dünnwandigen Strukturen identifiziert. Bei der Auswertung wird festgestellt, dass der Anbindung der ersten Schicht der dünnen Wand an die Basis eine gesteigerte Bedeutung zukommt. Der Aufbau der dünnwandigen Strukturen auf einer EOS M290 Anlage ist unter den in dieser Arbeit beschriebenen Grenzen reproduzierbar. Die Forschungshypothese „Es existiert eine Struktur, die reproduzierbar hergestellt werden kann und sensitiv auf Änderungen der Prozessparameter reagiert" wurde anhand der Dichte und Aufbaubarkeit auf einer EOS M290 Anlage validiert. Eine Veränderung des Bearbeitungsstrahldurchmessers auf der EOS M290 Anlage kann jedoch nicht untersucht werden.

Festzuhalten ist, dass die Umrechnung der Laserleistung bei unterschiedlichen Bearbeitungsstrahldurchmessern mittels normierter Enthalpie und Intensität erfolgreich war. Damit sind die beiden Kriterien für die Anlagenübertragbarkeit wichtig, mit ihrer Hilfe erfüllen alle fünf verwendeten EOS M290 Anlagen die Anlagenübertragbarkeitskriterien.

7.1.4 Anlagenübertragbarkeit EOS M290 auf Aconity Mini

Forschungshypothese: Das Bearbeitungsergebnis der EOS M290 ist auf die Aconity Mini übertragbar. Validiert wird diese These am Bearbeitungsergebnis der dünnwandigen Strukturen durch Erreichen einer Aufbaubarkeit, Dichte > 99,95% und einem Breiten- zu Tiefenverhältnis des Übergangsregimes.

Die Forschungshypothese wird an der sensitiven dünnwandigen Probengeometrie validiert. Der Prozess der EOS M290 ist mithilfe der Beziehungen aus der normierten Enthalpie auf die Aconity Mini übertragbar und das Bearbeitungsergebnis ist im Rahmen der Untersuchungen reproduzierbar.

Damit sind normierte Enthalpie und Intensität Mittel der Wahl, um zwischen Anlagen mit Abweichungen der Bearbeitungsstrahldurchmesser von ± 12 % die Bearbeitungsergebnisse zu übertragen. Wichtig dabei ist, alle anderen Parameter gleich zu halten, dies gilt insbesondere für die Scanstrategie, die Schutzgasströmung und den Pulverauftrag.

7.1.5 Verkleinerung des Bearbeitungsstrahldurchmessers

Forschungshypothese: Bei einer Halbierung des Bearbeitungsstrahldurchmessers wird das gleiche Bearbeitungsergebnis erreicht. Validiert wird diese These am Bearbeitungsergebnis der dünnwandigen Strukturen durch eine Aufbaubarkeit und ein Breiten- zu Tiefenverhältnis des Übergangsregimes.

Für die Forschungshypothese wird nicht vollständig verifiziert. Würde das Bearbeitungsergebnis nur anhand der Aufbaubarkeit und der Dichte verifiziert, kann mit einer Halbierung des Bearbeitungsstrahldurchmessers das gleiche Bearbeitungsergebnis erreicht werden. Gleiches gilt, wenn das Umschmelzregime als Bewertungsgröße verwendet wird. Hingegen ist für das in diesen Untersuchungen betrachte Breiten- zu Tiefenverhältnis keine Reproduzierbarkeit gegeben.

Generell ist der Aufbau mit einem halbierten Strahldurchmesser mit gleichbleibender Schichtdicke schwieriger. Dies liegt in dem Verhältnis Bearbeitungsstrahldurchmesser zu Pulverschichtdicke begründet, das bei Halbierung des Strahldurchmessers und gleichbleibender Schichtdicke verdoppelt wird. Das erzielte Ergebnis zeigt, dass die Aufbaubarkeit und das Dichtekriterium erreicht werden, allerdings ist eine Vergrößerung der Leistung notwendig. Damit wird das gleiche Breiten- zu Tiefenverhältnis erreicht. Gleichzeitig wird bewiesen, dass normierte Enthalpie und Intensität zur Umrechnung dieser großen Abweichungen ungeeignet sind. Dies steht im Einklang mit den von Fabbro et al. [76] veröffentlichten Schwierigkeiten bei der Verwendung von normierter Enthalpie. Das Breiten- zu Tiefenverhältnis und damit das resultierende Umschmelzregime hingegen sind nach allen Erkenntnissen dieser Versuche Mittel der Wahl bei der Anlagenübertragbarkeit mit großen Abweichungen des Bearbeitungsstrahldurchmessers.

7.1.6 Variabler Bearbeitungsstrahldurchmesser

Forschungshypothese: Durch die Defokussierung eines kleineren Bearbeitungswerkzeuges wird das gleiche Bearbeitungsergebnis wie das eines doppelt so großen Bearbeitungsstrahldurchmessers erreicht. Validiert wird diese These am Bearbeitungsergebnis des Aufbaus der dünnwandigen Strukturen mittels Defokussierung der 192 mm f-theta-Optik durch die Aufbaubarkeit, das Breiten- zu Tiefenverhältnis und Schweißregimebestimmung.

In dem speziellen Fall der Defokussierung des Fokusstrahldurchmessers von 34 µm oberhalb der Bearbeitungsebene auf einen Bearbeitungsstrahldurchmesser auf 80 µm kann mit den Parametern des 84 µm Bearbeitungsstrahldurchmessers das gleiche Umschmelzregime wie bei der EOS M290 erreicht werden. In allen anderen Fällen wurden die Kriterien nicht erfüllt.

Die Variation des Bearbeitungsstrahldurchmessers ist ein Schritt in Richtung der industriellen Anlagenübertragbarkeit. Während die Verkleinerung eines Fokusstrahldurchmessers nur über den Austausch einer Optik möglich ist, kann die Defokussierung deutlich einfacher durchgeführt werden. Die Ergebnisse beweisen, dass durch eine Defokussierung auf das Doppelte des Fokusstrahldurchmessers als Bearbeitungsstrahldurchmesser eine Übertragbarkeit der Bearbeitungsergebnisse möglich ist. Damit ist eine weitere Lösung für den Anlagenübertrag bei Anlagen mit einem größer 12 % verschiedenen Bearbeitungsstrahldurchmesser identifiziert. Allerdings stellt die Defokussierung auf einen Bearbeitungsstrahldurchmesser der doppelten Bearbeitungsfläche in diesen Untersuchungen den Rand des Machbaren dar.

7.2 Beitrag der Untersuchungen zur Anlagenübertragbarkeit

Als Ergebnis der vorliegenden Untersuchungen wird festgehalten, dass der Anlagenübertrag beim LPBF-Prozess für alle aktuell verfügbaren Fokusstrahldurchmesser von 34 - 100 µm gelingen kann. Die dazu notwendigen Maßnahmen hängen von der Größe des Unterschiedes ab (vgl. Kapitel 7.1).

Hervorzuheben sind die Rolle und die Bedeutung von dünnwandigen Strukturen, die nur aus einem Scanvektor bestehen, bei der Erforschung der Anlagenübertragbarkeit. Diese Strukturen reagieren sehr sensitiv auf Änderungen des Bearbeitungswerkzeuges. Werden die dünnwandigen Strukturen während eines Bauauftrages mit aufgebaut, ermöglichen diese einen Einblick in die Laserleistung während des Herstellungsprozesses und fungieren als Qualitätssicherungswerkzeug.

Für den praktischen Anlagenübertrag sind die dünnwandigen Strukturen ebenfalls sinnvoll. Bevor ein tatsächliches Bauteil von einer LPBF-Anlage auf die andere übertragen wird, können mit den dünnwandigen Strukturen die Abweichungen des Bearbeitungswerkzeuges zwischen den LPBF-Anlagen getestet werden. Die auftretenden Änderungen werden anschließend über eine Veränderung der Fokuslage oder der Laserleistung eingestellt. Durch die Betrachtung der Umschmelzgeometrie und dem daraus resultierenden Umschmelzregime wird das Bearbeitungsergebnis kontrolliert. Vorteil dieser Methode ist, dass alle möglicherweise unbekannten Einflussfaktoren interagieren und nur das Bearbeitungsergebnis betrachtet wird. Dabei wird die anlagenspezifische Interaktion zweier oder mehrerer Einflussfaktoren direkt mit betrachtet. Durch höherwertige optische Systeme und gesteigerte Aufmerksamkeit bei Bedeutung des Bearbeitungsstrahldurchmessers für den LPBF-Prozess werden die Schwierigkeiten bei der Anlagenübertragbarkeit in Zukunft weiter verkleinert.

7.3 Zukünftiger Forschungsbedarf

Aus den Untersuchungen und Erkenntnissen dieser Arbeit ergeben sich weiterführende Fragen als zukünftiger Forschungsbedarf zur Anlagenübertragbarkeit. Aktuell wird die Umschmelzgeometrie nur nach dem Bauauftrag durch einen Querschliff bestimmt. Das Vorgehen ist zwar präzise, aber dieser Prozess ist aufwendig und kostspielig. Wünschenswert wäre eine Prognose der Umschmelzgeometrie im Vorhinein. Folgende zwei Möglichkeiten sind vorstellbar.

Zum einen ist der Aufbau einer Datenbank der Untersuchungen der Umschmelzgeometrie nützlich, um die Anlagenübertragbarkeit weiter zu steigern. Damit werden Veränderungen der Bearbeitungsergebnisse zentral gespeichert und Abweichungen in der Qualität zwischen LPBF-Anlagen schneller identifiziert. Als sensitive Probengeometrie geeignet sind die entwickelten dünnwandigen Strukturen, da über deren Aufbaubarkeit direkt auf die Bauteilqualität geschlossen werden kann.

Zum anderen können die Erkenntnisse der vorliegenden Untersuchungen genützt werden, um eine Simulation der Umschmelzgeometrie zu erforschen. Dies erfordert eine physikalisch basierte oder experimentell validierte Simulation der Umschmelzgeometrie. Statt vorab eine Parameterstudie zur Ermittlung der Umschmelzgeometrie durchzuführen, kann in Zukunft direkt aus der Simulation die Umschmelzgeometrie ermittelt werden. Anschließend werden Korrekturfaktoren für die verwendete Laserleistung über die Simulation der Umschmelzgeometrie bestimmen. Dies führt dann zu robusten und reproduzierbaren Bearbeitungsergebnissen, die anlagenübertragbar sind.

Für die Steigerung der Robustheit von dünnwandigen Strukturen wird ebenfalls Forschungsbedarf identifiziert. Zwar ist die kleine Stabilitätsgrenze der dünnwandigen Strukturen nützlich für die schnelle Untersuchung der Anlagenübertragbarkeit, zu ihrem sicheren Aufbau ist aber eine gute Anbindung der ersten Schicht nach der Basis essenziell. Denkbar ist die Entwicklung einer Datenbank von Übergangsparametern, die sicherstellen, dass die dünnwandigen Strukturen nicht direkt an der Anbindung abreißen. Damit wird es möglich, den Randbereich des Prozessparameterfensters für dünnwandige Strukturen im stabilen Bereich zu untersuchen. Die Aussagekraft der dünnwandigen Strukturen als zuverlässiges und einfaches Werkzeug zur Qualitätssicherung wird damit weiter gesteigert.

Ziel der Arbeit ist, einen Forschungsbeitrag zu leisten, um den Stellenwert der additiven Fertigungstechnologie für den industriellen Nutzen kontinuierlich weiter zu erhöhen. Die vorliegenden Untersuchungen identifizieren neue Wege der Anlagenübertragbarkeit auf alle aktuell im Markt verfügbaren Bearbeitungswerkzeuge. Mit den erarbeiteten Ergebnissen ist es gelungen, Maßnahmen zu identifizieren, die die Reproduzierbarkeit der gewünschten Bearbeitungsergebnisse zuverlässig steigern. Auf dem Weg der digitalen Transformation der industriellen Produktion und nachhaltigen Ressourcenumgang leistet diese Arbeit einen wichtigen Beitrag zur Industrialisierung des LPBF-Prozesses als ökologischer und ökonomischer Herstellungsprozess von kritischen, hochkomplexen und zuverlässigen Bauteilen für viele unterschiedliche Industriezweige.

8 Literaturverzeichnis

[1] GERMAN WATCH: *Erdüberlastungstag.* URL https://germanwatch.org/de/overshoot – Überprüfungsdatum 2021-10-11

[2] BUND: *Reesourcen schützen und respektvoll nutzen!* – Überprüfungsdatum 2021-10-11

[3] BUNDESMINISTERIUM FÜR UMWELT: *Übereinkommen von Paris*

[4] EUROPÄISCHE KOMMISSION: *Flightpath 2050 : Europe's vision for aviation ; maintaining global leadership and serving society's needs ; report of the High-Level Group on Aviation Research.* Luxembourg : Publ. Off. of the Europ. Union, 2011 (Policy / European Commission)

[5] CLEAN SKY2: *Eco Design.* URL https://www.cleansky.eu/eco-design – Überprüfungsdatum 2021-10-14

[6] EYGM LIMITED: *If 3D printing has changed the industries of tomorrow, how can your organization get ready today?* 2018. URL https://www.ey.com/Publication/vwLUAssets/ey-3d-printing-report/$FILE/ey-3d-printing-report.pdf

[7] ERNST & YOUNG GMBH: *How will 3D printing make your company the strongest link in the value chain? : EY's Global 3D printing Report*, 2016

[8] GEBHARDT, Andreas ; KESSLER, Julia ; THURN, Laura: *3D printing : Understanding additive manufacturing.* 2nd Edition. Munich, Cincinnati : Carl Hanser Verlag GmbH & Co. KG, 2019

[9] WOHLERS, Terry: *Wohlers report 2019 : 3D printing and additive manufacturing state of the industry.* Fort Collins, Colorado : Wohlers Associates, Inc, 2019

[10] ARMBRUSTER, Alexander: *Die Welt wartet nicht mehr auf Deutschland* (2020-02-17), Nr. 40, S. 22

[11] ZEYN, Helmut: *Industrialisierung der Additiven Fertigung : Digitalisierte Prozesskette - von der Entwicklung bis zum einsetzbaren Artikel.* 1. Auflage. Berlin, Wien, Zürich, Berlin, Offenbach : Beuth Verlag GmbH; VDE Verlag GmbH, 2017 (Industrie 4.0)

[12] KERN, Markus: Schmelzbadströmung und Prozeßstabilität. In: KERN, Markus (Hrsg.): *Gas- und magnetofluiddynamische Maßnahmen zur Beeinflussung der Nahtqualität beim Laserstrahlschweißen.* Wiesbaden : Vieweg+Teubner Verlag, 1999 (Laser in der Materialbearbeitung, Forschungsberichte des IFSW), S. 38–50

[13] DIN EN ISO / ASTM 52900. 2015. *Additive manufacturing — General principles — Terminology*

[14] VDI 3405. 2014. *Additive Fertigungsverfahren - Grundlagen, Begriffe, Verfahrensbeschreibungen*

[15] SEABRA, Miguel ; AZEVEDO, José ; ARAÚJO, Aurélio ; REIS, Luís ; PINTO, Elodie ; ALVES, Nuno ; SANTOS, Rui ; PEDRO MORTÁGUA, João: *Selective laser melting (SLM) and topology optimization for lighter aerospace componentes.* In: *Procedia Structural Integrity* 1 (2016), Nr. 7, S. 289–296 – Überprüfungsdatum 2021-06-25

[16] ATTAR, H. ; CALIN, M. ; ZHANG, L. C. ; SCUDINO, S. ; ECKERT, J.: *Manufacture by selective laser melting and mechanical behavior of commercially pure titanium.* In: *Materials Science and Engineering: A* 593 (2014), S. 170–177 – Überprüfungsdatum 2021-06-25

[17] BRANDT, Milan (Hrsg.): *Laser additive manufacturing : Materials, design, technologies, and applications.* Amsterdam : Elsevier/Woodhead Publishing Woodhead Publishing is an imprint of Elsevier, 2017 (Woodhead Publishing series in electronic and optical materials number 88)

[18] GHOSH, Abhi ; WANG, Xianglong ; KIETZIG, Anne-Marie ; BROCHU, Mathieu: *Layer-by-layer combination of laser powder bed fusion (LPBF) and femtosecond laser surface machining of fabricated stainless steel components.* In: *Journal of Manufacturing Processes* 35 (2018), Nr. 9, S. 327–336 – Überprüfungsdatum 2021-06-25

[19] JAUER, Lucas: *Laser Powder Bed Fusion von Magnesiumlegierungen : Laser Powder Bed Fusion of magnesium alloys.* 1. Auflage. Aachen : Apprimus Verlag, 2018 (Ergebnisse aus der Lasertechnik)

[20] KOUTNY, Daniel ; PALOUSEK, David ; PANTELEJEV, Libor ; HOELLER, Christian ; PICHLER, Rudolf ; TESICKY, Lukas ; KAISER, Jozef: *Influence of Scanning Strategies on Processing of Aluminum Alloy EN AW 2618 Using Selective Laser Melting.* In: *Materials (Basel, Switzerland)* 2018, Nr. 2

[21] MANCISIDOR, A. M. ; GARCIANDIA, F. ; SEBASTIAN, M. San ; ÁLVAREZ, P. ; DÍAZ, J. ; UNANUE, I.: *Reduction of the Residual Porosity in Parts Manufactured by Selective Laser Melting Using Skywriting and High Focus Offset Strategies*, 2016 (83)

[22] MEINERS, Wilhelm: *Direktes selektives Laser Sintern einkomponentiger metallischer Werkstoffe.* Dissertation. 1999

[23] ROOS, Eberhard ; MAILE, Karl: *Werkstoffkunde für Ingenieure.* Berlin, Heidelberg : Springer Berlin Heidelberg, 2011

[24] YADROITSEV, I. ; KRAKHMALEV, P. ; YADROITSAVA, I. ; DU PLESSIS, A.: *Qualification of Ti6Al4V ELI Alloy Produced by Laser Powder Bed Fusion for Biomedical Applications.* In: *Journal of Materials Processing Technology* 70 (2018), Nr. 3, S. 372–377

[25] SEYDA, Vanessa: *Werkstoff- und Prozessverhalten von Metallpulvern in der laseradditiven Fertigung.* Berlin, Heidelberg : Springer Berlin Heidelberg, 2018

[26] FABBRO, R.: *Melt pool and keyhole behaviour analysis for deep penetration laser welding.* In: *Journal of Materials Processing Technology* 43 (2010), Nr. 44, S. 445501

[27] TENBROCK, Christian ; FISCHER, Felix Gabriel ; WISSENBACH, Konrad ; SCHLEIFENBAUM, Johannes Henrich ; WAGENBLAST, Philipp ; MEINERS, Wilhelm ; WAGNER, Joachim: *Influence of keyhole and conduction mode melting for top-hat shaped beam profiles in*

laser powder bed fusion. In: *Journal of Materials Processing Technology* 278 (2020), S. 116514

[28] SCHLEIFENBAUM, Johannes Henrich: *Verfahren und Maschine zur individualisierten Produktion mit High Power Selective Laser Melting.* Zugl.: Aachen, Techn. Hochsch., Diss., 2011. Aachen : Shaker, 2012 (Berichte aus der Lasertechnik)

[29] FENG, Shengnan ; GONG, J. H. ; LI, Huixiang ; WANG, Haoran: *Microstructural Investigation of Inconel718 Manufactured by SLM.* In: *IOP Conference Series: Materials Science and Engineering* 452 (2018), S. 22088

[30] TANG, Ming ; PISTORIUS, P. Chris ; BEUTH, Jack L.: *Prediction of lack-of-fusion porosity for powder bed fusion.* In: *Additive Manufacturing* 14 (2017), S. 39–48 – Überprüfungsdatum 2021-06-25

[31] FABBRO, Remy ; DAL, Morgan ; PEYRE, Patrice ; COSTE, Frédéric ; SCHNEIDER, Matthieu ; GUNENTHIRAM, Valerie: *Analysis and possible estimation of keyhole depths evolution, using laser operating parameters and material properties.* In: *Journal of Laser Applications* 30 (2018), Nr. 3, S. 32410

[32] KING, Wayne E. ; BARTH, Holly D. ; CASTILLO, Victor M. ; GALLEGOS, Gilbert F. ; GIBBS, John W. ; HAHN, Douglas E. ; KAMATH, Chandrika ; RUBENCHIK, Alexander M.: *Observation of keyhole-mode laser melting in laser powder-bed fusion additive manufacturing.* In: *Journal of Materials Processing Technology* 214 (2014), Nr. 12, S. 2915–2925

[33] CUNNINGHAM, Ross ; ZHAO, Cang ; PARAB, Niranjan ; KANTZOS, Christopher ; PAUZA, Joseph ; FEZZAA, Kamel ; SUN, Tao ; ROLLETT, Anthony D.: *Keyhole threshold and morphology in laser melting revealed by ultrahigh-speed x-ray imaging.* In: *Science (New York, N.Y.)* 363 (2019), Nr. 6429, S. 849–852

[34] MING, Gao ; XIAOYAN, Zeng ; QIANWU, Hu: *Effects of gas shielding parameters on weld penetration of CO2 laser-TIG hybrid welding.* In: *Journal of Materials Processing Technology* 184 (2007), 1-3, S. 177–183 – Überprüfungsdatum 2021-06-25

[35] ESMAEILIZADEH, Reza ; ALI, Usman ; KESHAVARZKERMANI, Ali ; MAHMOODKHANI, Yahya ; MARZBANRAD, Ehsan ; TOYSERKANI, Ehsan: *On the effect of spatter particles distribution on the quality of Hastelloy X parts made by laser powder-bed fusion additive manufacturing.* In: *Journal of Manufacturing Processes* 37 (2019), S. 11–20

[36] ESMAEILIZADEH, Reza ; ALI, Usman ; KESHAVARZKERMANI, Ali ; MAHMOODKHANI, Yahya ; MARZBANRAD, Ehsan ; TOYSERKANI, Ehsan: *On the effect of spatter particles distribution on the quality of Hastelloy X parts made by laser powder-bed fusion additive manufacturing.* In: *Journal of Manufacturing Processes* 37 (2019), S. 11–20 – Überprüfungsdatum 2021-06-25

[37] GUO, Qilin ; ZHAO, Cang ; ESCANO, Luis I. ; YOUNG, Zachary ; XIONG, Lianghua ; FEZZAA, Kamel ; EVERHART, Wes ; BROWN, Ben ; SUN, Tao ; CHEN, Lianyi: *Transient dynamics of powder spattering in laser powder bed fusion additive manufacturing process revealed by in-situ high-speed high-energy x-ray imaging.* In: *Acta Materialia* 151 (2018), S. 169–180 – Überprüfungsdatum 2021-06-25

[38] EOS GMBH: *Datenblatt EOS M290.* URL https://www.eos.info/eos-m-290 – Überprüfungsdatum 2019-11-15

[39] GASPER, A.N.D. ; SZOST, B. ; WANG, X. ; JOHNS, D. ; SHARMA, S. ; CLARE, A. T. ; ASHCROFT, I. A.: *Spatter and oxide formation in laser powder bed fusion of Inconel 718.* In: *Additive Manufacturing* 24 (2018), S. 446–456 – Überprüfungsdatum 2021-06-25

[40] SHEN, Haopeng ; ROMETSCH, Paul ; WU, Xinhua ; HUANG, Aijun: *Influence of Gas Flow Speed on Laser Plume Attenuation and Powder Bed Particle Pickup in Laser Powder Bed Fusion.* In: *JOM* 72 (2020), Nr. 3, S. 1039–1051 – Überprüfungsdatum 2021-06-25

[41] REIJONEN, Joni ; REVUELTA, Alejandro ; RIIPINEN, Tuomas ; RUUSUVUORI, Kimmo ; PUUKKO, Pasi: *On the effect of shielding gas flow on porosity and melt pool geometry in laser powder bed fusion additive manufacturing.* In: *Additive Manufacturing* 32 (2020), S. 101030

[42] SCHNIEDENHARN, Maximilian ; WIEDEMANN, Frederik ; SCHLEIFENBAUM, Johannes Henrich: *Visualization of the shielding gas flow in SLM machines by space-resolved thermal anemometry.* In: *Rapid Prototyping Journal* 24 (2018), Nr. 8, S. 1296–1304

[43] FRAUNHOFER DIRECT DIGITAL MANUFACTURING CONFERENCE; FRAUNHOFER-ALLIANZ GENERATIVE FERTIGUNG; DDMC: *DDMC 2018 : Fraunhofer Direct Digital Manufacturing Conference: proceedings: Direct Digital Manufacturing Conference, Berlin, March 14-15, 2018.* Stuttgart : Fraunhofer Verlag, 2018

[44] JONAS ZIELINSKI: *DPP SLM Turbine Untersuchungen zur Anlagenübertragbarkeit.* Aachen, 2019

[45] FERRAR, B. ; MULLEN, L. ; JONES, E. ; STAMP, R. ; SUTCLIFFE, C. J.: *Gas flow effects on selective laser melting (SLM) manufacturing performance.* In: *Journal of Materials Processing Technology* 212 (2012), Nr. 2, S. 355–364 – Überprüfungsdatum 2021-06-25

[46] SCHNIEDENHARN, M. ; KIRCHNER, A.: *Generative Fertigung innovativer Leichtbaukomponenten für bestehende und zukünftige Flugzeugprogramme (Genfly): Entwicklung der Prozessführung pulverbettbasierter generativer Fertigungsverfahren mittels Elektronenstrahl (EBM) und Laserstrahl (SLM) für TiAl6V4 : Abschlussbericht : Laufzeit des Vorhabens: 01.01.2014-31.03.2017* : Fraunhofer-Institut für Lasertechnik ILT, 2017

[47] LADEWIG, Alexander ; SCHLICK, Georg ; FISSER, Maximilian ; SCHULZE, Volker ; GLATZEL, Uwe: *Influence of the shielding gas flow on the removal of process by-products in the selective laser melting process.* In: *Additive Manufacturing* 10 (2016), S. 1–9

[48] ZHANG, Xiaobing ; CHENG, Bo ; TUFFILE, Charles: *Simulation study of the spatter removal process and optimization design of gas flow system in laser powder bed fusion.* In: *Additive Manufacturing* 32 (2020), no. 1, S. 101049 – Überprüfungsdatum 2021-06-25

[49] LIU, Yang ; YANG, Yongqiang ; MAI, Shuzhen ; DI WANG ; SONG, Changhui: *Investigation into spatter behavior during selective laser melting of AISI 316L stainless steel powder.* In: *Materials & Design* 87 (2015), 9–12, S. 797–806 – Überprüfungsdatum 2021-06-25

[50] RUBENCHIK, Alexander M. ; KING, Wayne E. ; WU, Sheldon S.: *Scaling laws for the additive manufacturing.* In: *Journal of Materials Processing Technology* 257 (2018), S. 234–243

[51] PROF. DR. THOMAS F. HOFMANN: *TUM. Additive : Memorandum zur Additiven Fertigung an der Technischen Universität München im Rahmen der TUM AGENDA 2030.* Augsburg : Druckerei Joh. Walch GmbH & Co KG, 2019

[52] EDUCALINGO: *Bedeutung von Übertragbarkeit.* URL https://educalingo.com/de/dic-de/ubertragbarkeit – Überprüfungsdatum 2021-04-07

[53] WEGNER ANDREAS: *Theorie über die Fortführung von Aufschmelzvorgängen als Grundvoraussetzung für eine robuste Prozessführung beim Laser-Sintern von Thermoplasten.* Duisburg. Dissertation. 2015. URL https://duepublico2.uni-due.de/servlets/MCRFileNodeServlet/duepublico_derivate_00038726/Wegner_Andreas_Diss.pdf – Überprüfungsdatum 2021-04-07

[54] DR. ELLEN UEBERSCHÄR: *Übertragbarkeit.* URL https://kommunalwiki.boell.de/index.php/%C3%9Cbertragbarkeit – Überprüfungsdatum 2021-04-07

[55] MOOSBACH DIRK: *Wortbedeutung. info - Robustheit (Deutsch).* URL https://www.wortbedeutung.info/Robustheit/ – Überprüfungsdatum 2021-04-06

[56] MARKUS SIEPERMANN: *Definition Robustheit : 1. Statistik.* URL https://wirtschaftslexikon.gabler.de/definition/robustheit-46513 – Überprüfungsdatum 2021-04-06

[57] JHABVALA, Jamasp ; BOILLAT, Eric ; ANDRÉ, Cédric ; GLARDON, Rémy: *An innovative method to build support structures with a pulsed laser in the selective laser melting process.* In: *The International Journal of Advanced Manufacturing Technology* 59 (2012), 1-4, S. 137–142

[58] PATSCHGER, Andreas: *Grundlegende Untersuchungen zum Prozessverständnis des Laserstrahl-Mikroschweißens von metallischen Folien.* Universität Ilmenau : Verlagshaus Monsenstein und Vannerdat OHG, 2016

[59] MOOSBACH DIRK: *Wortbedeutung.info Reproduzierbarkeit (Deutsch).* URL https://www.wortbedeutung.info/Reproduzierbarkeit/ – Überprüfungsdatum 2021-04-06

[60] RAINER DIDSZUHN: *Messfehler* : Analytic Journal, 2016

[61] POPRAWE, Reinhart (Hrsg.): *Lasertechnik für die Fertigung.* Berlin/Heidelberg : Springer-Verlag, 2005 (VDI-Buch)

[62] POPRAWE, Reinhart: Laserstrahlquellen. In: POPRAWE, Reinhart (Hrsg.): *Lasertechnik für die Fertigung.* Berlin/Heidelberg : Springer-Verlag, 2005 (VDI-Buch), S. 147–160

[63] AHUJA, Bhrigu ; SCHAUB, Adam ; JUNKER, Daniel ; KARG, Michael ; TENNER, Felix ; PLETTKE, Raoul ; MERKLEIN, Marion ; SCHMIDT, Michael: *A ROUND ROBIN STUDY FOR LASER BEAM MELTING IN METAL POWDER BED.* In: *South African Journal of Industrial Engineering* 27 (2016), Nr. 2 – Überprüfungsdatum 2021-06-25

[64] ALI, Usman ; FAYAZFAR, Haniyeh ; AHMED, Farid ; TOYSERKANI, Ehsan: *Internal surface roughness enhancement of parts made by laser powder-bed fusion additive manufacturing.* In: *Vacuum* 177 (2020), S. 109314 – Überprüfungsdatum 2021-06-25

[65] SLOTWINSKI, John A. ; LUECKE, William E. ; LASS, Eric A. ; POSSOLO, Antonio: *Interlaboratory mechanical-property study for Cobalt-Chromium alloy made by laser powder-bed-fusion additive manufacturing.* NIST technical Note 2006

[66] BROWN, Christopher U. ; JACOB, Gregor ; STOUDT, Mark ; MOYLAN, Shawn ; SLOTWINSKI, John ; DONMEZ, Alkan: *Interlaboratory Study for Nickel Alloy 625 Made by Laser Powder Bed Fusion to Quantify Mechanical Property Variability.* In: *Journal of Materials Engineering and Performance* 25 (2016), Nr. 8, S. 3390–3397. URL https://doi.org/10.1007/s11665-016-2169-2 – Überprüfungsdatum 2020-02-06

[67] DIN EN ISO / ASTM 52904. 2019. *Additive Fertigung - Prozessanforderungen und Qualifizierung - Verwendung des pulverbettbasierten Schmelzens von Metallen bei kritischen Anwendungen*

[68] DIN EN ISO /ASTM 52907. 2019. *Additive Fertigung - Technische Spezifikationen für Metallpulver*

[69] DIN EN ISO 52911-1. 2019. *Additive Fertigung - Technische Konstruktionsrichtlinie für Pulverbettfusion - Teil 1: Laserbasierte Pulverbettfusion von Metallen*

[70] CRIALES, Luis E. ; ARISOY, Yiğit M. ; LANE, Brandon ; MOYLAN, Shawn ; DONMEZ, Alkan ; ÖZEL, Tuğrul: *Laser powder bed fusion of nickel alloy 625 : Experimental investigations of effects of process parameters on melt pool size and shape with spatter analysis.* In: *International Journal of Machine Tools and Manufacture* 121 (2017), S. 22–36

[71] LI, Chunkai ; SHI, Yu ; GU, YuFen ; YANG, Fuqian: *Effect of oxide on surface tension of molten metal.* In: *RSC Advances* 7 (2017), Nr. 85, S. 53941–53950

[72] DIN EN ISO/ASTM 52941. 2019. *Additive Fertigung – Systemleistung und Betriebssicherheit – Standard Richtlinie zur Abnahmeprüfung von pulverbettbasierten Laserstrahlmaschinen für metallische Werkstoffe zur additiven Fertigung für Luft- und Raumfahrtanwendungen*

[73] BEAN, Glenn E. ; WITKIN, David B. ; MCLOUTH, Tait D. ; PATEL, Dhruv N. ; ZALDIVAR, Rafael J.: *Effect of laser focus shift on surface quality and density of Inconel 718 parts produced via selective laser melting.* In: *Additive Manufacturing* 22 (2018), S. 207–215

[74] FRITZ, Alfred Herbert (Hrsg.); SCHULZE, Günter (Hrsg.): *Fertigungstechnik.* 11., neu bearbeitete und ergänzte Auflage. Berlin, Heidelberg : Springer Vieweg, 2015 (Springer-Lehrbuch)

[75] GU, Dongdong ; WANG, Hongqiao ; CHANG, Fei ; DAI, Donghua ; YUAN, Pengpeng ; HAGEDORN, Yves-Christian ; MEINERS, Wilhelm: *Selective Laser Melting Additive Manufacturing of TiC/AlSi10Mg Bulk-form Nanocomposites with Tailored Microstructures and Properties.* In: *Physics Procedia* 56 (2014), S. 108–116. URL http://www.sciencedirect.com/science/article/pii/S1875389214002983 – Überprüfungsdatum 2020-02-09

[76] FABBRO, Remy: *Scaling laws for the laser welding process in keyhole mode.* In: *Journal of Materials Processing Technology* 264 (2019), S. 346–351

[77] BROWN, Christopher U. ; JACOB, Gregor ; STOUDT, Mark ; POSSOLO, Antonio ; MOYLAN, Shawn ; DONMEZ, Alkan: *Supplementary information for an interlaboratory study of additively manufactured nickel alloy (IN625) tensile specimens* (2016), National Institute of Standards and Technology Internal Report 8100

[78] KLAHN, Christoph: *Additive Manufacturing Process Principles : Collection of Illustrations on Principles of Additive Manufacturing Processes.* 2017

[79] EIBL, Florian: *Laser powder bed fusion of stainless steel with high power multi-diode-laser-array.* RWTH Aachen; IIF - Institut für Industriekommunikation und Fachmedien GmbH. Dissertation. 2017

[80] GRIFFTHS, Laura: *2021 Buyers Guide : Advanced Manufacturing Machine Guide.* URL https://3d.markforged.com/white-paper-3d-printing-buyers-guide-for-manufacturing.html – Überprüfungsdatum 2021-04-09

[81] GE ADDITIVE: *M2 Technical Data Sheet.* URL https://www.ge.com/additive/additive-manufacturing/machines/m2series5 – Überprüfungsdatum 2020-01-15

[82] DMG MORI: *LASERTEC 12 SLM Data Sheet.* URL https://de.dmgmori.com/produkte/maschinen/additive-manufacturing/pulverbettverfahren/lasertec-12-slm – Überprüfungsdatum 2020-01-15

[83] GEORG FAHRION: *Als Marktführer sind wir natürlich der Gejagte.* URL https://www.capital.de/wirtschaft-politik/als-marktfuehrer-sind-wir-natuerlich-der-gejagte – Überprüfungsdatum 2020-07-10

[84] EOS GMBH: *MTU - Produktion von Serienbauteilen für Airbus-Triebwerke mit EOS Systemen.* URL https://www.eos.info/presse/kundenreferenzen/mtu-baut-flugzeug-triebwerksteile-mit-industriellem-3d-druck-verfahren – Überprüfungsdatum 2019-11-15

[85] *M290 Process Chamber.* URL https://i.ytimg.com/vi/FhOB6ctk6dc/maxresdefault.jpg – Überprüfungsdatum 2021-04-08

[86] ACONITY3D: *Technische Daten Aconity Mini.* URL https://aconity3d.com/de/products/aconitymini/ – Überprüfungsdatum 2019-11-15

[87] *Aconity mini - Google-Suche : Aconity Mini Prozesskammer.* URL https://i.ytimg.com/vi/obDTvMDMN-4/maxresdefault.jpg – Überprüfungsdatum 2019-11-15

[88] THORLABS INC.: *F-Theta Lenses Tutorial.* URL https://www.thorlabs.com/newgrouppage9.cfm?objectgroup_id=10766 – Überprüfungsdatum 2020-03-25

[89] SILL OPTICS: *Technische Daten S4LFT1420/328.* URL https://www.silloptics.de/fileadmin/user_upload/Downloads/Datasheet/S4LFT1420-328.pdf – Überprüfungsdatum 2020-06-17

[90] Bonhoff, Tobias: *Multiphysikalische Analyse von optischen Systemen für die Lasermaterialbearbeitung.* 16.11.2017. URL https://wissen.cadfem.net/de-de/Mediathek%20Dokumente/D_2017_Multiphysikalische%20Analyse%20von%20optischen%20Systemen%20fuer%20die%20Lasermaterialbearbeitung.pdf – Überprüfungsdatum 2019-11-27

[91] Sill Optics: *Technische Daten S4LFT0192/126.* URL https://www.silloptics.de/fileadmin/user_upload/Downloads/Datasheet/S4LFT0192-126.pdf – Überprüfungsdatum 2020-06-17

[92] Surek, Dominik ; Stempin, Silke: *Technische Strömungsmechanik.* Wiesbaden : Springer Fachmedien Wiesbaden, 2017

[93] Schniedenharn, Maximilian: *Einfluss von Fokusshift und Prozessnebenprodukten auf den Laser Powder Bed Fusion Prozess.* 1. Auflage. Aachen : Apprimus Verlag, 2020 (Ergebnisse aus der Lasertechnik)

[94] Nitsche, Wolfgang ; Brunn, André: *Strömungsmesstechnik.* 2., aktualisierte und bearbeitete Auflage. Berlin, Heidelberg : Springer-Verlag Berlin Heidelberg, 2006 (VDI-Buch)

[95] Durst, Franz: *Grundlagen der Strömungsmechanik : Eine Einführung in die Theorie der Strömung von Fluiden.* Berlin, Heidelberg : Springer-Verlag, 2006

[96] Chlebus, E. ; Gruber, K. ; Kuźnicka, B. ; Kurzac, J. ; Kurzynowski, T.: *Effect of heat treatment on the microstructure and mechanical properties of Inconel 718 processed by selective laser melting.* In: *Materials Science and Engineering: A* 639 (2015), S. 647–655

[97] Rao, G.Appa ; Kumar, Mahendra ; Srinivas, M. ; Sarma, D. S.: *Effect of standard heat treatment on the microstructure and mechanical properties of hot isostatically pressed superalloy inconel 718.* In: *Materials Science and Engineering: A* 355 (2003), 1-2, S. 114–125

[98] Special Metals Corporation: *Inconel alloy 718.* URL http://www.specialmetals.com/assets/smc/documents/inconel_alloy_718.pdf – Überprüfungsdatum 2019-05-09

[99] 52907. 2019. *Additive Fertigung - Ausgangswerkstoffe*

[100] Trapp, Johannes ; Rubenchik, Alexander M. ; Guss, Gabe ; Matthews, Manyalibo J.: *In situ absorptivity measurements of metallic powders during laser powder-bed fusion additive manufacturing.* In: *Applied Materials Today* 9 (2017), S. 341–349

[101] Hedderich, Jürgen ; Sachs, Lothar: *Angewandte Statistik : Methodensammlung mit R.* 16., überarbeitete und erweiterte Auflage. Berlin, Germany : Springer Spektrum, 2018

[102] Primes GmbH: *Wie Laserstrahlen vermessen?* URL https://www.primes.de/de/strahldiagnose/laserstrahlen-vermessen.html. – Aktualisierungsdatum: 2019-11-26

[103] Turk, Christoph: *Ausscheidungsverhalten der Ni-Basis-Superlegierung 718*, 2012

[104] REHM, S. ; STROMBACH, M.E: *Arbeitstechniken für Qualitätszirkel* : Köln, 1984

[105] KELBASSA, Ingomar: *Quality criterias for LPBF-manufactured turbomachinery components.* Houston, 2017

[106] SCHLEIFENBAUM, Johannes Henrich: *Addditive Manufacturing I Vorlesung.* Aachen, 2018

[107] RISSE, Jerone: *Projekttreffen DPP Direct SLM Turbine.* Aachen, 25.04.2017

[108] PRIMES GMBH: *Pocket Monitor.* URL https://www.primes.de/de/produkte/laserleistung/kurzzeitige-bestrahlung/pocketmonitor-pmt.html. – Aktualisierungsdatum: 2019-11-26

[109] MCLOUTH, Tait D. ; BEAN, Glenn E. ; WITKIN, David B. ; SITZMAN, Scott D. ; ADAMS, Paul M. ; PATEL, Dhruv N. ; PARK, Woonsup ; YANG, Jenn-Ming ; ZALDIVAR, Rafael J.: *The effect of laser focus shift on microstructural variation of Inconel 718 produced by selective laser melting.* In: *Materials & Design* 149 (2018), S. 205–213

[110] SUCH, Anders: *Increase of Productivity by Using Adaptive LPBF Process Strategy* (ICTM Conferenz 2019). Aachen, 07.02.2019 – Überprüfungsdatum 2019-03-21

[111] VOLPP, Joerg ; BRUECKNER, Frank ; KAPLAN, Alexander F. H.: *Track geometry variations in selective laser melting processes.* In: *Journal of Laser Applications* 31 (2019), Nr. 2, S. 22310

[112] MAHMOODKHANI, Yahya ; ALI, Usman ; IMANI SHAHABAD, Shahriar ; RANI KASINATHAN, Adhitan ; ESMAEILIZADEH, Reza ; KESHAVARZKERMANI, Ali ; MARZBANRAD, Ehsan ; TOYSERKANI, Ehsan: *On the measurement of effective powder layer thickness in laser powder-bed fusion additive manufacturing of metals.* In: *Progress in Additive Manufacturing* 4 (2019), Nr. 2, S. 109–116 – Überprüfungsdatum 2021-06-25

[113] SCIPIONI BERTOLI, Umberto ; WOLFER, Alexander J. ; MATTHEWS, Manyalibo J. ; DELPLANQUE, Jean-Pierre R. ; SCHOENUNG, Julie M.: *On the limitations of Volumetric Energy Density as a design parameter for Selective Laser Melting.* In: *Materials & Design* 113 (2017), S. 331–340

[114] KERN, Markus (Hrsg.): *Gas- und magnetofluiddynamische Maßnahmen zur Beeinflussung der Nahtqualität beim Laserstrahlschweißen.* Wiesbaden : Vieweg+Teubner Verlag, 1999 (Laser in der Materialbearbeitung, Forschungsberichte des IFSW)

9 Abkürzungsverzeichnis

AM	Additive Fertigung (eng. Additive Manufacturing)
LPBF	Laser-Powder Bed Fusion
SLM	Selective Laser Melting (Selektives Laserstrahlschmelzen)
EOS	Electrical Optical Systems GmbH
DoE	Design of Experiment
P_L	Laserleistung
V_s	Scangeschwindigkeit
Y_s	Hatch Abstand
D_s	Schichtdicke
$\dot{V}$	Volumenstrom
Δp	Differenzdruck der Umwälzung
u	Strömungsgeschwindigkeit
A	Strömungsquerschnittsfläche
V_b	Beschichtergeschwindigkeit
E_v	Volumenenergie
S_v	Streckenenergie
b/t	Breiten- zu Tiefenverhältnis
B_S	Bearbeitungsstrahldurchmesser

10 Anhang

A Ishikawa Diagramm nach Klahn [78]

Bild 63 Ishikawa Diagramm für den LPBF-Prozess [78]

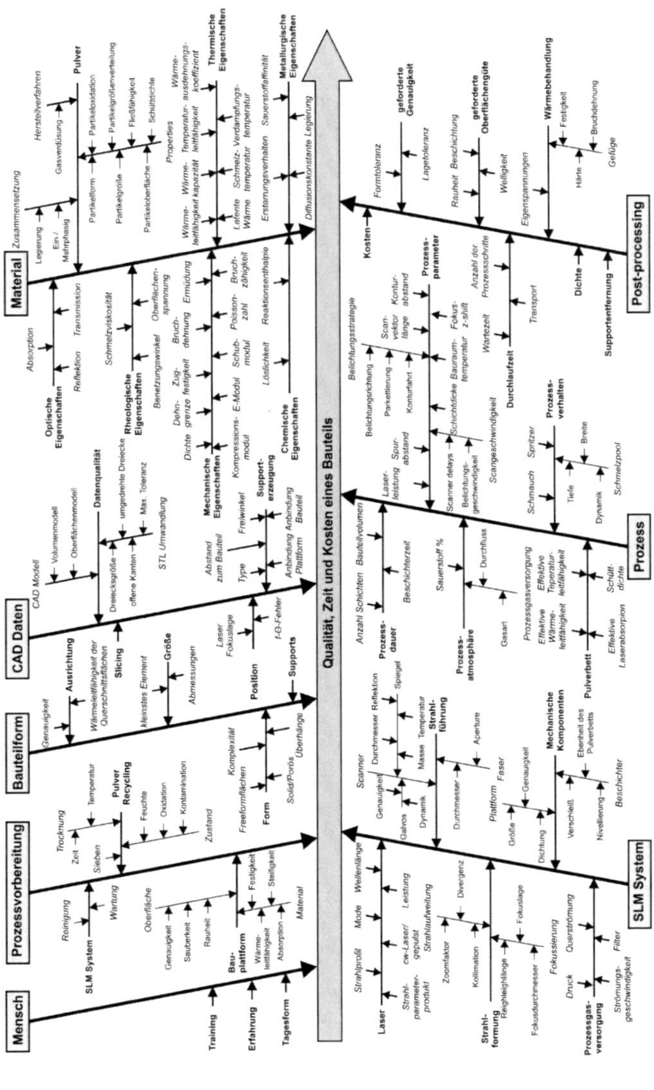

B Prozessparametervariation Risse

Variation	Volumenenergie	Laserleistung	Scangeschw.	Hatchabstand
[%]	[J/mm³]	[W]	[mm/s]	[mm]
0	67,47	285	960	0,11
-30	47,23	200	960	0,11
-30	47,23	285	1371	0,11
-30	47,23	285	960	0,16
-10	60,72	256	960	0,11
-10	60,72	285	1067	0,11
-10	60,72	285	960	0,12
+10	74,22	313	960	0,11
+10	74,22	285	873	0,11
+10	74,22	285	960	0,10
+30	87,71	370	960	0,11
+30	87,71	285	738	0,11
+30	87,71	285	960	0,09

Die Schichtdicke beträgt bei allen Versuchen 40 µm.

C Detaillierte Auflistung des Zwecks einer jeden Probengeometrie im Ringversuch

Einfluss		Probe		
Bezeichnung	Kurzbeschreibung	Anforderung	Geometrie	Bild
Aufbauwinkel	Unterschiedliche Rauheiten bei unterschiedlichen Up- und Downskinwinkeln	Mehrere Proben mit unterschiedlichen Aufbauwinkeln	Rauheitsprobe	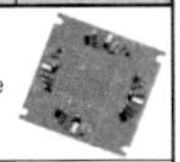
Baubarkeit	Anlagentechnische Machbarkeit von dünnwandigen und komplexen Geometrien	Geometrieänderungen der Schichten und unterschiedliche Wandstärken	Demonstrator Wabenprobe	
Form- und Maßgenauigkeit	Abweichung von Soll- und Ist-Geometrie des CAD-Modells und des fertigen Bauteils	Realitätsnaher Demonstrator mit diversen geometrischen Features (z.B. Kühlkanäle, Supportstruktur, unterschiedliche Aufbauwinkel, ...)	Demonstrator	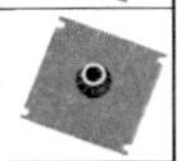
Lasereinstrahlwinkel	Unterschiedliche Rauheiten bei laserzu- und laserabgewandten Oberflächen	Up- und Downskinproben jeweils laserzu- und laserabgewandt anordnen	Rauheitsprobe	
Laserleistung	Veränderung Gefüge durch unterschiedliche Laserleistung an Anlagen (bei gleicher Einstellung)	-	Rauheitsprobe Gefügeprobe Demonstrator Wabenprobe	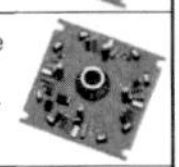
Lokales Strömungsprofil	Veränderung Dichte durch unterschiedliche Abfuhr von Prozessnebenprodukten	Anordnung an äußeren Positionen der Bauplattform	Gefügeprobe	
Positionierung	Unterschiedliche Rauheiten in Abhängigkeit der Positionierung im Bauraum	Unterschiedliche Positionierung vergleichbarer Bauteile mit gleichem Lasereinstrahlwinkel	Rauheitsprobe Gefügeprobe	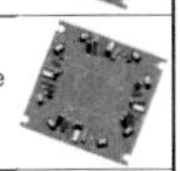
Pulvermetallurgie	Veränderung Gefüge durch chemische Zusammensetzung und Partikelgrößenverteilung	Möglichkeit der REM-Aufnahme an der Probe	Chem. Probe	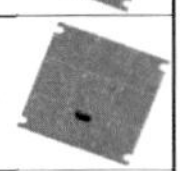
Schmelzbadgeometrie	Ausprägung in Form, Breite und Tiefe der Schmelzbad	Anordnung einer Einzelspur in der letzten Bauteilschicht senkrecht zur Schliffrichtung	Gefügeprobe	
Skywriting	Veränderung oberflächennaher Porosität und Rauheit durch unterschiedliche Einstellung Skywriting an Anlagen	Gefügeschliff mit oberflächennaher Mikroskopuntersuchung und Rauheitsmessung	Rauheitsprobe Gefügeprobe	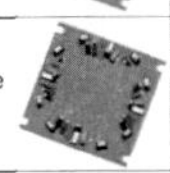
Softwareaufbereitung der Belichtungsparameter	Unterschiedliche Berechnung der Belichtungsvektoren durch die unterschiedlichen Softwares	Realitätsnaher Demonstrator mit diversen geometrischen Features (z.B. Kühlkanäle, Supportstruktur, unterschiedliche Aufbauwinkel, ...)	Demonstrator	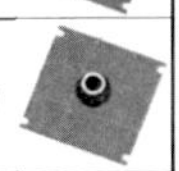
Strahlkaustik	Veränderung Gefüge durch unterschiedliche Strahlkaustik an Anlagen (bei gleicher Einstellung)	-	Rauheitsprobe Gefügeprobe Demonstrator Wabenprobe	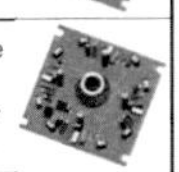
Wärmehaushalt	Unterschiedliche Abkühlung von dick- und dünnwandigen Strukturen	Diverse unterschiedliche dickwandige Strukturen	Demonstrator Wabenprobe	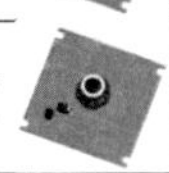

D Vermessung des Thermischen Shifts an der EOS M290 in Aachen

Der Thermische Shift ist eine durch die Aufwärmung des optischen Systems begründete Veränderung der Brennweite des optischen Systems. Diese Aufwärmung erfolgt durch Absorption der Laserenergie in der Optik selbst. Je reiner die optischen Komponenten, desto kleiner die Aufwärmung und damit der Thermische Shift.

Der Thermische Shift wird in der EOM M290 bestimmt, indem die Schmelzspurbreiten zweier Quadrate miteinander verglichen werden. Zwischen der Herstellung des kleineren und des größeren Quadrates wird das optische System durch den Laserstrahl in 8 min bei voller Laserleistung (370 W) erwärmt. Die Schmelzspuren werden auf einem mit Edding bemalten Glas-Objektträger bei 40 W und 960 mm Scangeschwindigkeit eingebracht. Durch die Glasplatte wird eine Wärmeleitung verhindert und es kann durch das Verdampfen des Eddings eine direkte Aussage über die Strahlbreite getroffen werden. Um die Bauplattform und die Objektträger nicht zu gefährden, wird mit einer Aluminium Erhöhung von 150 mm gearbeitet. Die Oberseite der Objektträger befindet sich in der Fokusebene, während die Bauplattform sich im defokussierten Bereich von 151 mm befindet. Der Aufbau der Messung ist in Bild 64 dargestellt.

Bild 64
Aufbau
Vermessung
Thermischer Shift

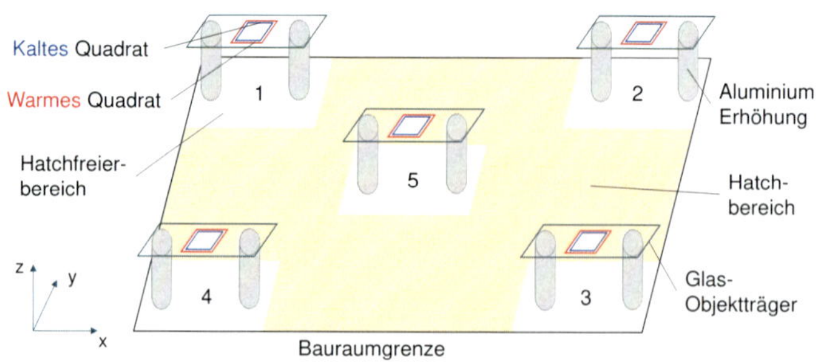

Die Schmelzspuren werden in drei verschiedenen Fokuslagen gemessen (+4 mm, 0 mm und -4 mm). Die Ergebnisse sind in Tabelle 8 dargestellt.

Tabelle 8
Übersicht der Schmelzspurbreitenvermessung des Thermischen Shift Versuchs

	Fokusebene					- 4 mm (Fokus über Objektträgers)					+ 4 mm (Fokus unter Objektträger)				
Position	1	2	3	4	5	1	2	3	4	5	1	2	3	4	5
Kalte Spurbreite [µm]	87	89	82	89	84	144	134	137	140	146	86	87	83	87	83
Standard-abweichung [µm]	3	4	3	3	3	8	6	4	4	7	3	3	3	3	4
Warme Spurbreite [µm]	85	89	81	89	83	141	134	143	144	145	82	81	83	86	82
Standard-abweichung [µm]	3	2	2	3	2	8	11	3	3	5	3	3	2	4	3

Aus den Messwerten und der Standardabweichung ergibt sich, dass der Thermische Shift in der EOS M290 vernachlässigt werden kann. Durch den Einstrahlwinkel wird je nach Korrektur der f-theta-Optik eine elliptischer Strahlquerschnittsfläche in der Bearbeitungsebene beobachtet (vgl. Bild 65).

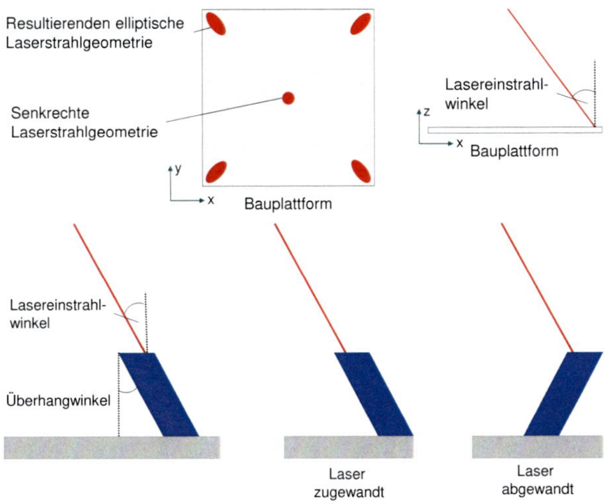

Bild 65
Schematische Darstellung des Lasereinstrahlwinkels und der Laserstrahlgeometrie in der Pulverbettebene über den Bauraum der LPBF-Anlage

Mit den in Tabelle 8 ermittelten Schmelzspurbreiten ist die Abweichung der Schmelzspurbreiten von 1-4 im Vergleich zu 5 nicht signifikant. Daher wäre es theoretisch nicht notwendig, den Bauraum einzugrenzen.

E Messsysteme und Einbrände

Es werden unterschiedliche Messsysteme in den Versuchen verwendet. Diese sind im Weiteren abgebildet und beschriftet.

Laserleistungs-messgerät

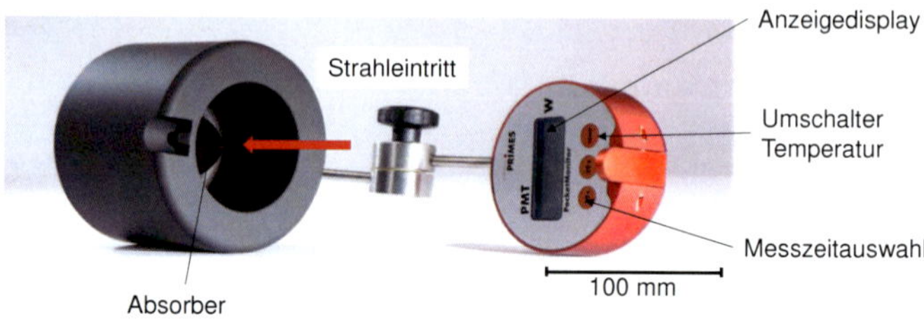

Laserkausik-messgerät

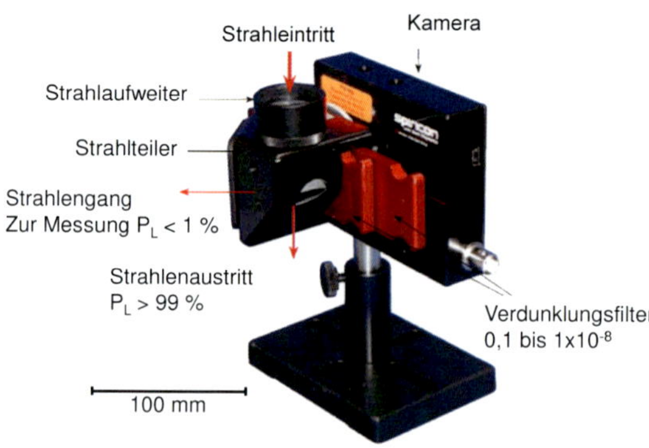

Einbrände

Vergleich des Schwarzweiß-Kontrastes der eingescannten Einzelspuren bei unterschiedlichen Oberflächen

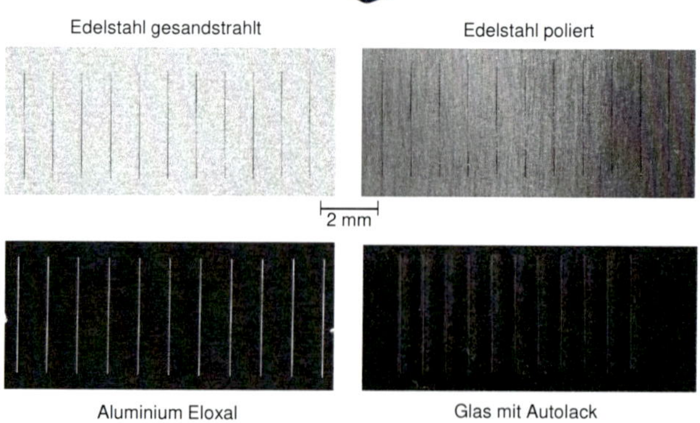

F Parametervariation zum Aufbau der dünnwandigen Strukturen mit 80 µm

Normierte Enthalpie variation	Anpassung der Laserleistung P			Anpassung der Scangeschwindigikeit v		
	P in W	v in mm/s	a in µm	P in W	v in mm/s	a in µm
94%	194				239	
92%	192				244	
90%	190				249	
88%	188				255	
86%	186				260	
84%	184				266	
82%	182				272	
80%	180				278	
78%	178				284	
76%	176				291	
74%	174				297	
72%	172				304	
70%	170				311	
68%	168				319	
66%	166				327	
64%	164				335	
62%	162				343	
60%	160				352	
58%	158				361	
56%	156				370	
54%	154				379	
52%	152				390	
50%	150				400	
48%	148	900	80	100	411	80
46%	146				422	
44%	144				434	
42%	142				446	
40%	140				459	
38%	138				473	
36%	136				487	
34%	134				501	
32%	132				517	
30%	130				533	
28%	128				549	
26%	126				567	
24%	124				585	
22%	122				605	
20%	120				625	
18%	118				646	
16%	116				669	
14%	114				693	
12%	112				717	
10%	110				744	
8%	108				772	
6%	106				801	
4%	104				832	
2%	102				865	
0%	100				900	

$$\frac{\Delta H}{h_s} = \frac{A \cdot P \cdot 2^{0,75}}{\rho \cdot C \cdot T_m \cdot \sqrt{\pi \cdot D \cdot v \cdot a^3}} \propto \frac{P}{\sqrt{v \cdot a^3}}$$

G Auswertung Parametervariation der 84 µm Proben auf der EOS M290

Scangeschwindigkeit	Laserleistung
v = 960 mm/s	P(+10%) = 110 W P(+34%) = 134 W P(+70%) = 170 W P(+94%) = 194 W

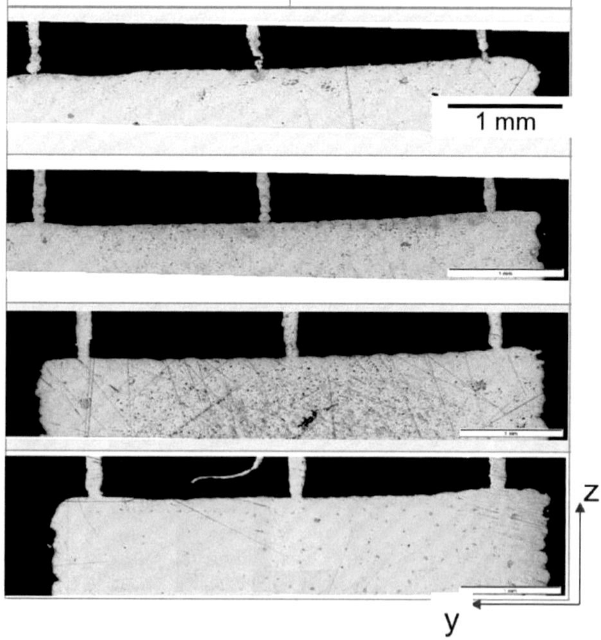

Dichte: < 99,5%
$\frac{\Delta H}{k*h_s} = 220$
$I = 2,0 \times 10^6$ W/cm²

Dichte: > 99,5%
$\frac{\Delta H}{k*h_s} = 284$
$I = 2,4 \times 10^6$ W/cm²

Dichte: > 99,5%
$\frac{\Delta H}{k*h_s} = 360$
$I = 3,1 \times 10^6$ W/cm²

Dichte: < 99,5%
$\frac{\Delta H}{k*h_s} = 410$
$I = 3,5 \times 10^6$ W/cm²

H Aufbau der Parameterstudie zur Ermittlung dichter Probengeometrien bei 34 µm Bearbeitungsdurchmesser

Laserleistungsvariation

V1, V2	V7, V8
Leistung [W]	
69	**103**
72	138
83	157
86	166
88	170
93	175
100	182
102	194
114	200
119	205
128	210
130	221
134	226
140	230
143	233
148	242
152	258
156	263
169	276
vs = 960 mm/s	
ys = 0,06 mm, Ds = 40 µm	

Scangeschwindigkeitsvariation

V3, V4	V5, V6
Scangeschwindigkeit [mm/s]	
405	409
443	425
457	438
482	482
509	488
534	523
546	536
615	543
637	550
665	613
719	631
766	681
786	753
820	780
843	795
855	894
905	933
960	954
966	**960**
PL= 72 W	PL = 103 W
ys = 0,06 mm, Ds = 40 µm	

I Versuch der dünnwandigen Strukturen mit 34 µm Bearbeitungsstrahldurchmesser

Versuchsreihe Nr. 2

Probenr.	Leistung [W]	Fokus [mm]	Probenr.	Leistung [W]	Fokus [mm]
1	127		2	164	
3	131		4	174	-1,5
5	134		6	184	
7	137		8	194	
9	125	0	10	125	0
11	122		12	164	
13	119		14	174	+1,5
15	116		16	184	
17	113		18	194	

Versuchsreihe Nr. 3

Probenr.	Leistung [W]	Fokus [mm]	Probenr.	Leistung [W]	Fokus [mm]
1	135		2	194	
3	137		4	198	-1,5
5	139		6	202	
7	141		8	206	
9	144	0	10	210	0
11	135		12	194	
13	137		14	198	+1,5
15	139		16	202	
17	141		18	206	

Versuchsreihe Nr. 4

Probenr.	Leistung [W]	Fokus [mm]	Probenr.	Leistung [W]	Fokus [mm]
1	144		2	210	
3	146		4	214	-1,5
5	148		6	218	
7	150		8	222	
9	152	0	10	226	0
11	144		12	210	
13	146		14	214	+1,5
15	148		16	218	
17	150		18	222	

Für alle Versuche gilt: vs = 960 mm/s Ds = 40 µm

Basisaufbau jeweils mit PL = 169 W, vs = 960 mm/s, ys = 0,06 mm, Ds = 40 µm

Versuchsreihe Nr. 5

Probenr.	Leistung [W]	Fokus [mm]	Probenr.	Leistung [W]	Fokus[mm]
1	194	0	2	194	+8
3		-1	4		+7
5		-2	6		+6
7		-3	8		+5
9		-4	10		+4
11		-5	12		+3
13		-6	14		+2
15		-7	16		+1
17		-8	18		0

Versuchsreihe Nr. 6

Probenr.	Leistung [W]	Fokus [mm]	Probenr.	Leistung [W]	Fokus[mm]
1	194	+4,5	2	194	-3
3		+3,5	4		-2
5		+2,5	6		-1
7		+1,5	8		0
9		+0,5	10		+0,5
11		+1	12		-1,5
13		+2	14		-2,5
15		+3	16		-3,5
17		+4	18		-4,5

Versuchsreihe Nr. 7

Probenr.	Leistung [W]	Fokus [mm]	Probenr.	Leistung [W]	Fokus[mm]
1	194	+2,25	2	194	-1,5
3		+1,75	4		-1
5		+1,25	6		-0,5
7		+0,75	8		0
9		+0,5	10		+0,5
11		+1	12		+0,25
13		+1,5	14		-0,25
15		+2	16		-0,75
17		+2,5	18		-1,25

Für alle Versuche gilt: vs = 960 mm/s Ds = 40 µm

Basisaufbau jeweils mit PL = 169 W, vs = 960 mm/s, ys = 0,06 mm, Ds = 40 µm

FSC
www.fsc.org
MIX
Papier | Fördert
gute Waldnutzung
FSC® C083411

Zeitfracht Medien GmbH
Ferdinand-Jühlke-Straße 7
99095 Erfurt, Deutschland
produktsicherheit@kolibri360.de